LE PETIT

BUFFON

ILLUSTRÉ

DES ENFANTS

HISTOIRE RÉCRÉATIVE DES ANIMAUX

d'après les meilleurs Auteurs

PAR

ADRIEN LINDEN

Édition ornée de 70 vignettes et de 8 grandes gravures

DESSINÉES PAR FREEMANN, GRAVÉES PAR SARGENT

PARIS

BERNARDIN-BÉCHET, ÉDITEUR

31, QUAI DES GRANDS-AUGUSTINS, 31

—

1876

LE PETIT

BUFFON

ILLUSTRÉ

DES ENFANTS

IMPRIMERIE J. CLAYE

RUE SAINT BENOIT 7

PARIS

Combat d'Éléphant et de Rhinocéros.

Quand nos jeunes lecteurs étudieront l'histoire naturelle, ils apprendront à connaître la conformation des animaux, leurs fonctions physiologiques, ainsi que leur classification.

Dans le petit volume que nous leur offrons aujourd'hui, ils ne trouveront aucun détail anatomique : voulant les instruire un peu et les amuser beaucoup, nous avons évité tout ce qui pouvait sentir la leçon, et n'avons emprunté à la zoologie que son côté pittoresque et récréatif.

Ils rencontreront peut-être bien, çà et là, quelques courtes explications sur les diverses catégories d'animaux ; ces notices étaient indispensables à l'intelligence du récit ; d'ailleurs il est nécessaire de savoir de qui l'on parle, et nous ne voulions pas exposer nos jeunes amis à confondre une grenouille avec un rhinocéros.

Ce *Petit Buffon* n'est donc pas un livre d'étude; il peut tout au plus servir d'introduction à l'histoire des animaux et indiquer, en attendant mieux, le nom, les mœurs et la figure des personnages les plus importants du règne animal.

A. L.

PETIT BUFFON

ILLUSTRÉ

DES ENFANTS

LES MAMMIFÈRES

On appelle mammifères les animaux qui nourrissent leurs petits du lait de leurs mamelles. C'est la classe la plus importante du règne animal. Elle renferme les plus gros individus, les plus intelligents, ceux qui supportent le mieux la domesticité et ceux qui rendent le plus de services à l'homme.

Cette classe se divise en plusieurs ordres, dont nous allons successivement esquisser les principaux types.

I. — LES QUADRUMANES.

On désigne ainsi les singes, parce qu'ils ont des pieds propres à saisir, comme les mains. La tribu des singes comprend les singes de l'ancien continent et ceux du nouveau : parlons d'abord des premiers, puisque c'est parmi eux que se trouvent les orangs-outangs, les chimpanzés, les gorilles, singes qui ressemblent le plus à l'homme.

SINGES DE L'ANCIEN CONTINENT.

L'ORANG-OUTANG.

L'orang-outang, désigné aussi sous le nom d'homme des bois, habite l'Asie et particulièrement l'île de Bornéo ; on le trouve également en Afrique dans les parties voisines de l'équateur.

Les orangs-outangs sont encore assez peu connus ; cependant, d'après les notions que l'on possède, on peut dès à présent les placer à la tête du règne animal. Leur conformation et leur intelligence en font en quelque sorte des êtres intermédiaires entre l'homme et la brute ; et, lorsqu'on jette un coup d'œil sur certains peuples d'Afrique et de la Nouvelle-Hollande, on a tout lieu de supposer que l'orang-outang est le chaînon qui relie l'espèce humaine à l'espèce animale.

L'orang-outang atteint et dépasse quelquefois deux mètres de hauteur. Il n'a pas de mollets et marche cependant debout. Sa force musculaire est considérable et dix hommes seraient incapables de le maîtriser. Il se construit une hutte sur les arbres pour se mettre à l'abri du soleil et de la pluie. Sa nourriture consiste en fruits, racines et mollusques : il ne mange point de chair. Il se sert d'une branche d'arbre pour assurer sa marche, et ce bâton devient entre ses mains une arme redoutable.

Moins fort que le lion et que l'éléphant, il les défie par son adresse et son intelligence et les chasse de ses domaines.

Jusqu'à ce jour, on n'est point parvenu à s'emparer d'aucun adulte vivant, parce que le courage de ce singe égalant sa force, ceux qui voudraient le saisir s'exposeraient à une mort certaine. Comme les orangs-outangs vivent retirés dans le plus profond des forêts, on n'a pu étudier leurs mœurs dans la vie sauvage. Plusieurs de ces animaux ont été pris en bas-âge et apprivoisés.

Le célèbre Buffon en avait un qui marchait toujours sur ses pieds, même en portant des choses pesantes. « Son air, dit-il, était assez triste, sa démarche grave, ses mouvements mesurés, son naturel doux et très-différent de celui des autres singes; il n'avait ni l'impatience du magot, ni la méchanceté du babouin, ni l'extravagance des guenons.

« J'ai vu cet animal présenter sa main pour conduire les gens qui venaient le visiter, se promener gravement avec eux et de compagnie; je l'ai vu s'asseoir à la table et déployer sa serviette, s'en servir, essuyer ses lèvres, se servir de sa cuiller et de sa fourchette pour porter à sa bouche, verser lui-même sa boisson dans un verre, le choquer lorsqu'il y était invité; aller prendre une tasse et une soucoupe, l'apporter sur la table, y mettre du sucre, y verser du thé, le laisser refroidir pour le boire, et tout cela sans autre instigation que les signes ou les paroles de son maître et souvent de lui-même. »

« J'ai vu, dit le voyageur Leguat, un singe extraordinaire à Java, c'était une femelle; elle était d'une grande taille et marchait souvent tout droit sur ses pieds de

derrière ; elle avait le visage sans autre poil que celui
de ses sourcils et ressemblait assez à ces faces gro-
tesques des femmes hottentotes que j'ai vues au Cap.
Elle faisait tous les jours proprement son lit, s'y couchait, la tête sur un oreiller, et se couvrait d'une cou-
verture. Quand elle avait mal à la tête, elle se servait
d'un mouchoir, et c'était risible de la voir ainsi coiffée
dans son lit. »

Ces exemples ne laissent aucun doute sur l'intelligence de ces animaux et il ne leur manque que la
parole pour ressembler à certains hommes, ainsi que
nous l'avons fait remarquer. Les orangs-outangs vivent
en troupe dans les forêts, ou plutôt en famille, car on
en rencontre rarement plus de cinq ou six ensemble.

Le Gorille, nouveau genre de singe découvert

sur les rives du Gabon par M. Savage, missionnaire, a
la peau noire comme celle des nègres ; il dépasse deux

mètres de haut ; sa poitrine et ses épaules sont trop dé-
veloppées par rapport à sa taille : la force de ses bras
est telle qu'il peut enlever un homme comme nous pour-
rions enlever une poupée de carton. On cite plusieurs
aventures de ce genre. Des négresses et des petits
nègres, travaillant dans les champs, ont été emportés
au plus profond des forêts. Un négrillon qui fut enlevé
de la sorte, vécut pendant deux ans parmi les gorilles
qui ne lui firent aucun mal. Cet enfant étant parvenu

à s'échapper, raconta des choses tellement invraisem-
blables sur les mœurs et la taille de ces animaux,
qu'on ne peut ajouter aucune créance à ses récits. Ce
qu'il y a de certain, c'est que les gorilles vivent isolés

dans les forêts les plus inaccessibles, qu'à l'exemple
des orang-outangs et des chimpanzés, ils se bâtissent
des huttes sur les arbres et qu'ils se nourrissent de
fruits.

Le Chimpanzé, dont nous venons de prononcer le
nom, est le singe qui ressemble le plus à l'homme, surtout dans son jeune âge — en grandissant sa figure devient de plus en plus bestiale : le front recule et les mâchoires s'avancent — ses bras ont presque les proportions
humaines et son ventre est moins gros que celui des
orangs-outangs. Ces animaux se trouvent en Afrique. Ils
habitent des cabanes de feuillages construites au milieu
des arbres. Ils aiment les hommes et détestent les autres
singes : leur taille dépasse rarement plus d'un mètre.

Le Gibbon, plus petit que le précédent, peut encore
être rangé dans la catégorie des singes qui se rapprochent
le plus de l'homme : il habite Sumatra, Bornéo, Java.
Sa femelle témoigne une extrême tendresse à ses petits
et les défend avec un grand courage.

Le Pithèque est la miniature du chimpanzé. Sa figure
plate lui donne beaucoup de ressemblance avec celle de
l'homme. Il marche ordinairement sur ses pieds de
derrière, vit dans les bois et se nourrit principalement
de fruits et d'insectes. Son naturel est fort doux ; il
s'apprivoise aisément, vient boire dans le creux de la
main, imite le rire ainsi que le froncement de sourcil de
son maître et le mode de salutation employé par les
Cafres. Il a de la mémoire et se rappelle pendant plusieurs années la personne de son bienfaiteur. Il est gai
et très-folâtre pendant sa jeunesse ; mais quand on le
prend vieux dans l'état sauvage, il mord fort et serré.

Le pithèque habite les Indes orientales, l'île de Ceylan et l'Afrique.

LE MAGOT.

Aussitôt qu'on descend à une autre espèce de singe la différence avec l'homme s'accentue davantage. La tête du magot ressemble plus à celle du chien qu'à la nôtre.

Cet animal porte environ un mètre de hauteur. Ses joues sont fournies de poches qu'il remplit de nourriture avant de manger. Les magots sont très-méchants et difficiles à dompter, ils vivent en troupe nombreuse dans les immenses plaines de l'Inde; on les trouve aussi dans la plupart des contrées de l'Afrique. Leur naturel est brutal, leurs manières grossières; ils sont toujours prêts à mordre et à déchirer : malgré une longue servitude, ils ne modifient pas leur caractère, et il faut toujours les tenir à l'attache pour éviter leurs griffes et leurs dents.

LE BABOUIN.

Le babouin, ou papion, a plus d'un mètre de hauteur. Il est très-grêle vers le milieu du corps, mais ses bras annoncent une grande force musculaire. Le naturel de cet animal est féroce et son extérieur grossier. Il ne s'apprivoise jamais complétement et cherche souvent à nuire. Dans quelques contrées de l'Inde, les babouins vont par troupe attaquer les villages, pendant que les habitants sont occupés à faire la récolte du riz, et

pillent dans leurs demeures toutes les provisions qu'ils
peuvent y trouver.

HENRY VIZETELLY SC

LE MANDRILL est plus fort, plus vicieux, plus féroce
que le précédent : c'est le plus grand singe après
l'orang-outang. La force musculaire de ses membres,
ses ongles puissants, et plus encore sa mâchoire, qui est

garnie comme celle d'un animal carnassier, le rendent tout à fait dangereux ; nons-eulement il a l'audace des autres espèces de babouins, mais il a de plus qu'eux le courage et le mépris du danger.

Le mandrill est méchant pour le plaisir de l'être et féroce sans nécessité ; ses penchants vicieux sont d'autant plus redoutables qu'ils sont guidés par l'intelligence et servis par le courage ; c'est un être odieux sous tous les rapports : son visage, au museau ridé et de couleur bleue, grimace d'une manière affreuse, et son corps exhale une odeur repoussante.

LES GUENONS.

On qualifie ordinairement de guenon la femelle du singe. Ce mot sert aussi à désigner les singes à longue queue, dont les principaux sujets sont : le MACAQUE au visage hideux ; le BONNET CHINOIS ; l'AIGRETTE ; le MALBOROUCK ; le CALLITRICHE, etc. Ces singes ont à peu près les mêmes mœurs, mais non le même caractère.

LE BONNET CHINOIS, ainsi appelé à cause de la disposition singulière de son poil qui est séparé au milieu de la tête et s'étend circulairement—ce qui rappelle la forme de cet instrument — le bonnet chinois, est un animal de la grosseur d'un chat ; la couleur de son pelage est d'un brun jaunâtre.

Ces animaux vivent en société dans les forêts de Ceylan et vont par bandes piller les jardins et les plantations voisines de leurs retraites.

L'AIGRETTE, qui doit aussi son nom à la disposition du poil de sa tête, est un animal doux et traitable, mais il est d'une laideur et d'une malpropreté repoussantes : son nez est aplati, ses joues sont ridées ; sa lèvre supérieure est doublement fendue. Lorsqu'il fait des grimaces, on ne peut le regarder sans éprouver un sentiment de dégoût.

Il habite l'Inde, Java et l'Afrique méridionale.

LE CALLITRICHE ou SINGE VERT est très-commun en Afrique, et dans les Indes orientales.

Cet animal est gros comme un petit chat ; son pelage est vert tirant sur le jaune ; son visage est noir et sa queue porte près de cinquante centimètres de long. C'est un sauteur par excellence, il court et gambade au milieu des branches avec la vivacité de l'écureuil. Il n'est point bruyant et ne pousse aucun cri, même quand il est blessé.

LE SEMNOPITHÈQUE a la queue encore plus longue que celle des guenons et ressemble au gibbon par la forme. Cette espèce de singe, qui compte sept variétés, habite les contrées méridionales et orientales de l'Asie et les îles de l'archipel indien. Il est adroit et souple, mais n'a pas la pétulance des autres quadrumanes ; il est calme et circonspect, marche avec gravité et en vieillissant devient fort mélancolique : dans sa jeunesse, il s'apprivoise très-facilement.

LE NASIQUE doit son nom à la longueur démesurée de son nez ; le développement de cet organe lui donne une physionomie tellement singulière, qu'on ne peut s'empêcher de sourire en le regardant.

La plupart des singes, habitant les contrées brûlantes, voisines de l'équateur, ne peuvent supporter longtemps la rigueur de nos climats, c'est pourquoi nous ne voyons guère dans les jardins zoologiques et dans les ménageries que des espèces peu variées.

SINGES DU NOUVEAU CONTINENT.

Les singes d'Amérique, comprenant les sapajous et les sagouins, comptent cinq ou six variétés dans chaque espèce.

Les sapajous sont des singes à queue dite prenante. Cette queue, dont ils se servent pour s'accrocher aux branches, leur tient lieu de cinquième membre.

Les principaux singes de cette espèce sont : le Coaïta, l'Ouarine, le Sajou, le Saïmri, etc.

Le Coaïta a la queue plus longue que le corps; c'est un animal agile et remuant, toujours occupé à faire des grimaces et des gambades. Sa figure est rose et son pelage noir. Il se nourrit de fruits et de racines et, comme beaucoup d'individus de sa race, dévalise les vergers et les plantations.

Ces animaux vivent en troupe nombreuse dans les forêts. On prétend que lorsqu'ils voyagent d'un arbre à l'autre, et qu'une distance trop considérable à franchir se présente, ils s'attachent les uns aux autres par la queue, et forment ainsi un pont vivant sur lequel passe le reste de la bande. Leur caractère est assez pacifique, et, quoique enclins à la malice, on les appprivoise facilement.

L'Ouarine, singe hurleur, n'est pas de si facile composition; c'est le plus gros des singes d'Amérique : sa taille approche celle du renard. Cet animal est d'un naturel méchant; on ne peut jamais le dompter ni l'apprivoiser et il mord tous ceux qui l'approchent : sa voix rauque, sa bouche énorme, et l'expression féroce de sa figure, inspirent la frayeur. Cette voix est si bruyante que trois ou quatre de ces singes troublent le silence d'une forêt tout entière.

Après les singes hurleurs et les sapajous, on peut placer :

LES ATÈLES, singe aux formes effilées dont la queue est peut-être plus préhensile que celle des autres espèces.

LES SAKIS, ou singes à queue de renard, qui vivent dans les forêts du Brésil.

LE SAJOU est un des plus vifs, des plus adroits et

des plus amusants de la famille; il est à peu près de la grosseur d'un chat; son corps est brun et sa figure, ainsi que ses oreilles, sont couleur de chair.

Le Sajou n'est pas difficile à apprivoiser, mais il est rancunier et très-tenace dans ses antipathies.

Le Saïmiri est le plus aimable des quadrumanes : la gentillesse de son caractère, la grâce de ses mouvements, l'exiguité de sa taille, la couleur brillante de sa robe, la grandeur et le feu de ses yeux, et surtout l'expression de son visage arrondi, le font préférer à tous les autres singes. Il est très-familier et recherche les caresses ; il met la main sur la bouche des personnes qu'il voit parler, comme pour en surprendre les mouvements.

Il est bien fâcheux que ce gentil animal ne puisse s'acclimater dans nos contrées : tous ceux qu'on a voulu importer sont morts en route, ou quelques jours après leur arrivée.

Le Ouistiti est aussi fort intéressant. C'est un petit singe de la taille de l'écureuil, dont il a l'agilité, la grâce et un peu les habitudes ; sa queue peut faire plusieurs fois le tour de son corps, attendu qu'elle mesure jusqu'à trente-cinq centimètres.

Ce petit animal s'acclimate assez bien dans nos pays, surtout en Espagne. Son caractère doux et câlin le fait rechercher, presque autant que sa physionomie originale.

LES MAKIS.

Dans l'île de Madagascar vivent des individus auxquels on a donné le nom de Lémuriens, et que la forme de leur tête fait appeler aussi Singes-Renards et faux Singes, ce sont :

Les Makis, jolis petits animaux d'une figure fine et

élégante; ils ont un pelage doux et lustré; leurs jambes
de derrière sont plus longues que celles de devant;
leur queue, qu'ils tiennent toujours relevée, porte
trente-deux anneaux alternés de noir et de blanc.

Les makis semblent former le passage entre les
singes des deux continents.

Après les makis, se placent des animaux trop différents des autres pour être compris dans aucuns des
groupes qui les avoisinent, ce sont :

Les Galagos, qui à l'organisation du singe unissent
l'apparence de l'écureuil.

Les Tarsiers, ainsi appelés à cause de la longueur
de leurs tarses.

Les Cheiromys ou Aye-Aye, qui ont la tête et le poil
de l'écureuil.

Ces espèces semblent former le trait-d'union entre
les rongeurs et les quadrumanes; leurs pieds sont conformés comme ceux des singes; ils en ont les habitudes
et vivent sur les arbres à peu près de la même manière;
mais leur tête est tout à fait différente, ainsi que leur
caractère.

LE LORIS.

Le loris tient à la fois du singe par ses pieds, du
renard par sa figure et du paresseux par ses habitudes.
C'est un petit animal fort lent, qui n'a rien de la vivacité du singe. Son caractère est très-doux; il s'apprivoise avec facilité. Il se nourrit de fruits et d'insectes,
particulièrement de sauterelles, dont il se montre très-
avide.

Combat de Lions.

Le loris est un animal nocturne, il s'endort au lever du soleil et s'éveille une demi-heure après le coucher de cet astre; il dort en boule comme un hérisson, se lèche et fait sa toilette comme le cochon d'Inde. La souplesse de son corps contraste singulièrement avec la lenteur de ses mouvements. Sa fourrure elle-même paraît singulière : elle est épaisse et fournie — ce qui se voit rarement aux animaux des contrées tropicales — enfin, pour terminer le portrait, disons que son caractère n'est pas le même pendant l'été que pendant l'hiver, et qu'il devient désagréable et grognon aussitôt que la température baisse.

Le loris habite l'île de Ceylan.

II. — LES CARNASSIERS.

L'ordre des carnassiers comprend les animaux qui ne vivent que de chair; les individus qui le composent sont presque tous quadrupèdes, c'est-à-dire qu'ils marchent sur quatre pieds. C'est dans cet ordre que se trouvent les animaux les plus féroces.

CARNIVORES DIGITIGRADES.

GENRE CHAT.

LE LION.

Le lion, dont on a fait le roi des animaux, n'est ni le plus grand, ni le plus fort, ni le plus intelligent des mammifères; mais l'élégance de ses formes, la souplesse de ses membres, sa prodigieuse agilité, son courage indomptable et plus encore l'expression de son visage, justifient la suprématie que lui accordent les naturalistes. « Le lion, dit Buffon, a la figure imposante, le regard assuré, la démarche fière, la voix terrible. Sa

F. BOCOURT. D   BRUNIER. S

taille n'est point excessive comme celle de l'éléphant ou du rhinocéros ; elle n'est ni lourde, comme celle de l'hippopotame ou du buffle, ni trop ramassée, comme celle de l'hyène ou de l'ours ; elle est, au contraire, si bien prise, si bien proportionnée, que le corps du lion semble être le modèle de la force jointe à l'agilité. »

Le lion, à l'âge adulte, mesure environ trois mètres cinquante centimètres depuis le mufle jusqu'à l'extrémité de la queue; sa tête est couverte de poils longs et touffus, et son cou est orné d'une crinière abondante qui lui garnit la poitrine et descend jusqu'à terre; le reste du corps est couvert d'un poil ras et lisse, et la couleur générale de son pelage est d'un jaune fauve.

Le lion ne se nourrit que de proies vivantes et peut demeurer plusieurs jours sans manger; lorsque la faim le presse, il se jette indistinctement sur tous les quadrupèdes, qu'il n'a presque jamais besoin de combattre; il se précipite sur eux avec une telle impétuosité, qu'il les terrasse et les déchire en moins d'un instant. Lorsqu'il peut choisir sa nourriture, il donne la préférence aux gazelles, aux zèbres et aux girafes. Il porte un veau dans sa gueule avec la même facilité qu'un chat porte une souris.

Le lion pris jeune s'apprivoise assez facilement. On voit fréquemment dans nos ménageries des dompteurs entrer dans la cage des lions, et leur faire exécuter toutes sortes d'exercices. Il n'est pas rare de rencontrer en Afrique, chez de riches particuliers, des lions apprivoisés qui accompagnent leurs maîtres avec la docilité du chien.

On cite, à ce propos, une anecdote qui doit donner à réfléchir à ceux qui se plaisent dans ce genre d'intimité.

Un particulier gardait dans sa chambre un lion de forte taille; par malheur, le domestique chargé de soigner l'animal, faisait souvent succéder les coups aux caresses du maître; le lion supporta cet injuste traitement pendant plusieurs mois. Un jour, son maître fut réveillé par un bruit extraordinaire; tirant ses rideaux, il vit avec épouvante son lion jouant avec une tête d'homme, qu'il faisait rouler dans la chambre, comme les chats font avec les petites boules de papier; le maître ayant reconnu la tête de son domestique, se précipita bien vite dans une chambre voisine, et se débarrassa, aussitôt qu'il put, de ce compagnon dangereux qui, jusqu'alors, n'avait point révélé ses féroces instincts.

En captivité, le lion s'attache quelquefois à de petits animaux; c'est ainsi qu'on a vu autrefois au Jardin des Plantes, à Paris, un chien vivant dans la plus étroite intimité avec un lion; celui-ci montrait la plus extrême complaisance envers son compagnon, et se laissait mordre les oreilles et tirer par la queue sans manifester la moindre impatience.

Depuis notre conquête de l'Algérie les mœurs des lions sont beaucoup mieux connues. L'intrépide officier Jules Gérard, a écrit sur ce sujet un livre fort intéressant que nos jeunes lecteurs feront bien de consulter. Ce brave militaire, le premier, eut l'audace d'attaquer le lion face à face, sans autre secours que son courage et sa carabine. Jusqu'alors, cette chasse se faisait en grand nombre et à cheval, et il était bien rare qu'on n'eût point à déplorer quelque tragique événement en cette circonstance.

Le lion ne possède ni l'odorat subtil, ni la vue perçante qui caractérisent certains animaux; il n'a pas non plus cette soif de sang qu'on remarque chez plusieurs individus de sa famille; lorsqu'il est repu, il cesse de détruire. Il passe la plus grande partie du jour retiré dans les broussailles ou dans quelque caverne rocheuse, et ne sort qu'après le coucher du soleil.

La lionne n'a pas de crinière ; elle est plus petite

d'un quart et beaucoup moins forte que le mâle. Quand elle est mère, la lionne se montre aussi formidable et même plus féroce que le lion ; son agilité est remarquable ; elle ne touche le sol que de l'extrémité de ses doitgs : elle saute, bondit, s'élance comme le mâle, et comme lui, franchit des espaces de quatre à cinq mètres. Malheur à qui lui enlève ses petits ! elle poursuit le téméraire avec un acharnement sans pareil et ne se

rebute ni devant les obstacles, ni devant les dangers.
On a vu des lionnes se jeter à la mer pour essayer d'atteindre les ravisseurs qui s'éloignaient sur des chaloupes.

Le lion habite presque tout le continent africain, principalement la partie méridionale. C'est dans les vastes solitudes du désert qu'il fait entendre ses rugissements formidables ; c'est là qu'il jouit de toute l'étendue de ses forces et de sa puissance. Dans nos ménageries, on ne peut se faire une idée de la vigueur de ce roi déchu, et il ne nous inspire qu'un assez médiocre intérêt ; il en serait autrement, s'il nous était donné de le voir bondir sur les sables brûlants du Sahara, et si nous pouvions le surprendre dans un moment de colère, alors qu'il se bat les flancs de sa queue, qu'il agite sa crinière, fait mouvoir la peau de sa face et montre ses dents menaçantes.

Le lion, nous l'avons dit, est susceptible d'attachement et de reconnaissance ; l'histoire ancienne et principalement l'histoire romaine, ne laissent aucun doute à cet égard ; il suffit de rappeler le lion d'Androclès et le lion de Florence. Ces deux épisodes, qui sont trop connus pour être rapportés, démontrent jusqu'où peut aller l'intelligence et le sentiment chez le roi des animaux.

LE TIGRE.

Dans la tribu des animaux carnassiers le tigre occupe
le second rang ; il est presque aussi fort que le lion ; il

le surpasse en agilité et surtout en férocité. Son pelage,
d'un jaune vif, est rayé de bandes transversales noires
qui semblent se mouvoir à chaque pas de l'animal. La

beauté de sa fourrure, plus que son dangereux voisi-
sinage, lui fait de l'homme un ennemi acharné; sans
quoi, il règnerait en tyran dans les contrées qu'il habite
et aurait bientôt détruit jusqu'aux plus infimes quadrupèdes, tellement il a soif de sang et tellement il est
avide de carnage. Le tigre est le plus féroce de tous
les animaux; il tue pour le plaisir de détruire ou plutôt
pour le plaisir de se repaître de la vue du sang, car il
tue encore, alors qu'il vient de s'abreuver. Il ne craint
ni l'aspect ni les armes de l'homme; il dévaste et égorge
les troupeaux domestiques, met à mort toutes les bêtes
sauvages, attaque les petits éléphants, les jeunes rhinocéros, et ose quelquefois braver le lion lui-même.
Quoique rassasié de chair, il est toujours altéré de
sang : il égorge sans cesse, il égorge toujours, abandonne la proie qu'il vient de déchirer pour s'élancer sur
une autre qui s'offre à ses coups; sa fureur n'a pas de
trêve, et si la fatigue l'oblige à suspendre sa rage sanguinaire, ce n'est que pour réparer ses forces et se préparer à de nouveaux massacres. C'est ordinairement
sur les bords des rivières, où vont se désaltérer les
autres animaux, qu'il établit son observatoire; de là
il s'élance sur sa proie en poussant, comme le lion, des
rugissements affreux. Tout ce qu'il peut atteindre tombe
sous sa griffe. Lorsqu'il vient de déchirer le corps de
sa victime, c'est pour y plonger sa tête et pour sucer à
longs traits le sang dont il vient d'ouvrir la source, qui
tarit toujours avant que sa soif ne s'éteigne.

C'est dans les jungles de l'Inde que règne ce terrible animal. Pour le chasser, on se réunit en grand
nombre et l'on dirige sur lui de véritables feux de pelo-

Tigre s'élançant sur une Antilope.

ton; mais comme dans ces battues il y a toujours une ou plusieurs victimes, les Indiens préfèrent lui tendre des piéges et le faire tomber dans des fosses profondes, où l'on peut le mettre à mort sans courir aucun risque.

Dans les chasses à ciel ouvert, il n'est pas rare de voir des cavaliers enlevés de leur monture et emportés au loin par ce redoutable gibier; on cite à ce propos un fait qui démontre jusqu'où va l'audace de ce dangereux animal :

Un escadron de hussards anglais, chevauchait l'arme au poing dans un chemin battu; tout à coup, un tigre s'élançant d'un monticule, se précipita sur le chef de la troupe et l'enleva aux yeux de ses compagnons avec une telle rapidité, que ceux-ci n'eurent pas même le temps d'épauler leurs fusils. Les soldats poursuivirent vainement le ravisseur, et ce ne fut que longtemps après qu'on retrouva les restes de l'infortuné militaire.

L'état de servitude modifie singulièrement le caractère du tigre et lui enlève une partie de sa férocité naturelle. On voit chaque jour, dans les ménageries, des dompteurs entrer dans les cages de cet animal, jouer avec lui et le faire obéir avec la docilité d'un chien.

Le fameux dompteur Charles, du village de Gondrecourt, possédait le tigre le plus grand, le plus beau, le plus formidable qui ait paru en Europe. Ce tigre était dans un état permanent de fureur et rugissait sans cesse. Quand Charles entrait dans sa cage, on ne pouvait s'empêcher de frémir. Le tigre, en présence du dompteur, s'accroupissait dans un coin de sa loge, poussait des rugissements sourds et regardait l'audacieux

avec des yeux flamboyants. L'intrépide Charles, à coups
de cravache, forçait l'animal à quitter sa position, le
faisait bondir autour de la cage avec une vélocité telle
que l'homme et la bête ne se voyaient plus qu'à travers
un brouillard ; après cet exercice, Charles se couchait
sur le tigre, lui ouvrait sa gueule énorme, plaçait sa
tête entre ses mâchoires acérées, et poussait l'audace
jusqu'à le taquiner étant dans cette dangereuse position. Pendant tout le temps que duraient ces jeux
téméraires, le tigre ne cessait pas de rugir et l'expression de ses yeux conservait la même férocité.

Ce tigre fut atteint d'une tumeur à la lèvre. Quand
il fallut l'opérer, on fut obligé de lui lier les quatre
membres, et de lui attacher la tête et la queue aux bar-
reaux de sa cage ; malgré ces précautions, le vétérinaire
qui tenta l'opération, risqua d'être déchiré par les dents
de cette bête furieuse. Ce tigre succomba des suites
de cette blessure, et l'on peut le voir empaillé dans les
galeries du musée de Metz.

LE LÉOPARD.

Cet animal porte un pelage fauve marqué de taches
noires ayant la forme d'anneaux. On le trouve principalement au Sénégal et dans l'intérieur de l'Afrique ; il
habite aussi quelques contrées de la Chine et les mon-
tagne du Caucase, depuis la Perse jusqu'à l'Inde. Il se
plaît dans les forêts les plus impénétrables et fréquente
le bord des rivières pour y surprendre les animaux qui
vont s'y désaltérer. Le léopard a l'œil inquiet, le regard
effrayant, les mouvements précipités. Il attaque indis-

tinctement tous les êtres qu'il rencontre, n'épargne ni l'homme ni les animaux, et, lorsqu'il ne trouve pas de quoi assouvir sa faim, quitte sa retraite, descend par bandes vers les habitations et commet les plus horribles dévastations parmi les troupeaux.

Il existe une variété de léopard dans l'Inde, que l'on apprivoise facilement et que l'on dresse pour la chasse. Les Indiens qui possèdent des léopards chasseurs, les conduisent encapuchonnés jusqu'au milieu des plaines; lorsqu'ils aperçoivent un troupeau d'antilopes, ou de tout autre petit quadrupède, ils découvrent la tête du léopard et lui rendent la liberté; celui-ci, dès qu'il voit le gibier, s'élance sur lui avec une agilité extraordinaire, et il est bien rare qu'il revienne auprès de son maître sans rapporter de butin.

LA PANTHÈRE.

La panthère est plus forte que le léopard; son pelage la fait souvent confondre avec ce dernier, dont elle a d'ailleurs les instincts et la férocité. De tous les carnassiers, la panthère est l'animal le plus difficile à dompter : ni les bons traitements, ni la rigueur ne peuvent vaincre sa sauvagerie. En captivité, elle pousse des rugissements presque continuels, regarde les spectateurs d'un œil farouche et semble toujours prête à s'élancer sur eux.

La Panthère noire de Java, beaucoup plus petite que la précédente, est remarquable par la belle couleur noire de sa robe et par la souplesse de ses mouvements. Elle saute dans sa cage, bondit d'une extrémité à l'autre et retombe sans produire aucun bruit; ses yeux, d'un vert fauve, qui se détachent sur la couleur sombre de son visage, produisent un effet saisissant : on croirait voir jaillir des étincelles à chaque regard de l'animal.

La panthère, comme l'once et le léopard, habite le continent africain et les parties méridionales de l'Asie. Ces trois animaux ont la faculté de grimper sur les arbres, ce qui les rend encore plus dangereux : c'est ordinairement cachés dans le feuillage, qu'ils guettent leur proie au passage et qu'ils s'élancent sur elle.

L'ONCE.

L'once, dont nous venons de parler, se trouve en grand nombre dans le nord de l'Afrique, dans l'Arabie et autres contrées chaudes de l'Asie. Cet animal s'apprivoise facilement et, comme le léopard chasseur dont il est une des variétés, se dresse pour la chasse. Il existe en Perse une espèce d'once qui ne dépasse guère la taille d'un gros chat et qu'on emploie très-utilement à la place de chien. On sait que dans cette partie du monde les chiens y sont fort rares, et que ceux qu'on y transporte perdent bien vite leur précieux instinct, leur caractère et jusqu'à leur voix. Les onces de petite taille sont donc employés aux mêmes usages que le chien, seulement, comme ils n'ont pas le flair merveilleux de ce dernier, ils ne quêtent pas le gibier devant le chasseur, et procèdent de la même manière que les léopards de l'Inde, dont il a été fait mention.

LE JAGUAR.

Le jaguar, appelé aussi tigre ou léopard du nouveau monde, habite le Mexique, la Guyane, le pays des Amazones, et principalement le Brésil qui paraît son

pays natal. Il est plus gros que le loup et possède tous les instincts destructeurs qui caractérisent la race féline; il est cruel, féroce, s'abreuve de sang, et s'amuse à déchirer ses victimes. Placé sur un rocher ou sur quelque point culminant, il attend le passage d'une innocente bête, se précipite sur elle, l'accable du poids de son corps et la déchire à l'instant.

2.

S'il possède la rage sanguinaire du tigre, il est loin d'en avoir le courage : il recule devant les animaux pouvant se défendre et ne s'attaque qu'à ceux qui n'ont d'autres armes que la fuite ou des cornes inoffensives.

Le jaguar, pris jeune, peut s'apprivoiser; il se montre assez sensible aux caresses et reconnaît son maître.

LE COUGUAR.

Le couguar est l'animal le plus redouté en Amé-

rique. Le couguar est plus long et plus léger que le jaguar : il a une petite tête, de grandes jambes et une

longue queue ; son aspect général, la tête exceptée,
rappelle assez bien le chien lévrier.

Le couguar, grâce à la légèreté de son corps et la
longueur de ses jambes, court vite et grimpe plus facilement sur les arbres que les autres individus de sa
race : il est assez lâche, passablement paresseux, et
ne semble point avoir la soif ardente de ses congénères d'Afrique et d'Asie ; il n'attaque que les hommes
endormis, et fuit devant le danger.

L'OCELOT.

L'ocelot habite l'Amérique méridionale et ressemble
au chat par sa configuration, mais il est beaucoup plus
fort. Sa fourrure est élégamment variée de bandes et
taches noires.

L'ocelot vit principalement sur les montagnes et se
cache dans le feuillage des arbres, d'où il s'élance sur
les animaux qui s'approchent de lui ; quelquefois il
demeure étendu sur les branches, en contrefaisant le
mort, jusqu'à ce qu'un singe, poussé par la curiosité,
vienne le regarder de près ; alors il se jette sur l'imprudent et le met en pièces.

LE LYNX.

Le lynx porte de longues et étroites oreilles, ornées
à leur extrémité d'un pinceau de longs poils noirs ;
cette particularité le distingue des autres personnages
de sa famille ; il est d'ailleurs moins haut de jambes
qu'aucun d'eux, et son corps est couvert de longs poils
soyeux qu'on ne trouve pas chez ses autres parents. Le

lynx vit dans les contrées septentrionales de l'ancien et du nouveau monde, et on le rencontre très-rarement dans les contrées tempérées. Les plus forts et les plus beaux habitent la Tartarie, non loin du lac Balkash.

Le lynx, quand il chasse, grimpe sur les arbres les

plus élevés, se met en embuscade, et attend avec une grande patience le passage d'une victime; lorsqu'un lièvre, un renard, un daim ou même un élan se présente, il s'élance sur lui, le saisit à la gorge, se cramponne avec ses griffes puissantes, lui brise la première vertèbre du cou; lui fait un trou près du crâne et lui suce la cervelle.

Comme on le voit si le lynx n'a pas l'aspect extérieur du tigre, il en a les appétits et la férocité. Son œil perçant, qui lui fait découvrir sa proie au loin, a donné lieu à des croyances populaires dont l'absurdité n'a pas besoin d'être démontrée. On dit aussi que le lynx chasse de conserve avec le lion, dont la vue n'est point très-longue. C'est une erreur : jamais ces deux animaux ne se sont rencontrés ailleurs que dans les ménageries, attendu que l'un habite les contrées froides et l'autre les régions brûlantes.

Le lynx, quoique de formes assez épaisses, est plein de grâce et de légèreté. Son regard, lorsqu'il n'est point irrité, est doux, brillant, câlin même : d'après l'expression de ses yeux, jamais on ne pourrait lui supposer des instincts aussi cruels.

Les lynx sont communs dans le nord de l'Europe et du Caucase. Leur fourrure est très-recherchée : celles qui proviennent des lynx de Sibérie sont appelées fourrures de loups-cerviers ; celles des lynx du Canada sont connues sous le nom de peaux de chats-cerviers.

LE CHAT.

Après avoir parlé des grands personnages de la famille, disons un mot du chat, dont nous connaissons si bien les allures.

Le chat domestique est un animal d'un caractère méfiant et poltron ; il n'est méchant que lorsqu'il croit sa vie menacée. Forcé de vivre dans la société du chien, son plus cruel ennemi, il vit dans un état perpétuel de crainte et se tient toujours sur la défensive.

Malgré les caresses et les bons traitements, le chat
n'abandonne jamais complétement son naturel sauvage ; il n'est soumis qu'autant que son intérêt le
commande, n'obéit qu'avec répugnance et résiste quand
on veut le contraindre par la force. Le chat a des formes
élégantes, et des mouvements très-gracieux ; la douceur
de son poil et son extrême propreté, plus encore la

guerre continuelle qu'il fait aux souris, lui méritent la
faveur de notre société — qu'il accepte, d'ailleurs, avec
assez d'indifférence — il est ingrat par nature, s'attache
beaucoup plus aux lieux qu'aux personnes, reçoit les

caresses sans reconnaissance et garde éternellement le souvenir des mauvais traitements.

Le chat ganté, que l'on regarde comme la souche du chat domestique, possède tous les instincts des grands animaux de sa race. On le trouve en Europe et en Asie; il vit isolé dans les bois et se rend redoutable aux oiseaux, aux lièvres et à tous les animaux faibles dont il fait sa proie. Plus gros et plus courageux que dans la servitude, le chat sauvage, lorsqu'il est blessé, se jette sur le chasseur et cherche à le déchirer.

Dans certaines contrées, à la Jamaïque, par exemple, il est très-difficile de réduire les chats à la domesticité; aussitôt qu'ils ont atteint leur croissance, ils se sauvent dans les bois et retournent à la vie sauvage. Les habitants de ces pays sont obligés pour les conserver de leur couper les oreilles; ce moyen réussit bien, dit-on, parce que ces organes sont alors exposés à la pluie et à la rosée que le chat redoute plus que toute chose.

GENRE HYÈNE.

L'HYÈNE.

Cet animal carnassier est à peu près de la grosseur d'un mâtin de forte taille. Son poil est rude et hérissé à l'entour de la tête. Toute sa force est concentrée dans ses mâchoires et dans son cou; ce cou est tellement court, qu'il paraît soudé aux épaules et que l'animal est obligé de tourner son corps entièrement, lorsqu'il veut regarder en arrière.

L'hyène est un animal brutalement féroce qui n'est redoutable que lorsqu'il est pressé par la faim; en temps ordinaire, il évite la présence de l'homme et fuit même devant le chien de forte espèce.

L'hyène habite généralement les cavernes, d'où elle sort pendant la nuit pour aller chercher sa pâture ; elle a un goût prononcé pour la chair putréfiée et recherche les cadavres de toutes sortes. En Afrique, où ces animaux abondent, on a grand soin d'enterrer les morts dans des fosses profondes, sans quoi, les hyènes qui rôdent toujours aux abords des cimetières, auraient bien vite déterré et dévoré les cadavres.

L'horreur qu'inspire cet animal a fait exagérer ses qualités et ses défauts : il n'a ni le grand courage qu'on lui attribuait avant de le mieux connaître, ni le besoin de destruction qui se remarque chez le tigre : c'est tout simplement une brute qui possède un grand appétit et qui cherche à le satisfaire.

L'aspect général de l'hyène est désagréable : son train de devant, fortement développé, paraît plus haut que son train de derrière ; son corps est chétif en comparaison de son cou et de sa tête ; ses jambes de derrière semblent à peine suffisantes pour porter le poids de son corps ; on dirait que cet animal est boiteux, et, qu'à chaque pas, il va culbuter ou s'affaisser.

Le savant Bruce raconte que les hyènes sont un véritable fléau pour l'Abyssinie : on en voit partout, dit-il, dans les villes comme dans les campagnes ; je suis sûr qu'il y en a plus que de moutons.

A Darfur, ces quadrupèdes vont en société de six à huit, enlever pendant la nuit dans les villages ce qu'ils peuvent saisir ; ils tuent les chiens et même les ânes dans les habitations, et toutes les fois qu'on jette une

Loups de Sibérie poursuivant un traîneau.

bête morte à la voirie, ils s'assemblent, réunissent leurs forces et l'entraînent à des distances considérables. quand ils sont en nombre, ces animaux ne se laissent intimider ni par l'approche des hommes, ni par le bruit des armes à feu.

L'HYÈNE MOUCHETÉE est une variété de la précédente ; elle est plus grosse et marquée de nombreuses taches noires. On l'appelle aussi l'hyène riante à cause d'un bruit qu'elle tire de son gosier, lorsqu'on lui apporte à manger ou qu'on l'interrompt dans son repos, bruit qui ressemble à un éclat de rire.

Ces animaux se trouvent dans toute l'Afrique et principalement au cap de Bonne-Espérance.

Ils ont absolument les mêmes mœurs et les mêmes habitudes que l'hyène dont il a été parlé.

Quoique fort gênants et souvent redoutables, ces carnassiers rendent de grands services en faisant disparaître du sol les cadavres en putréfaction, que l'indolent Arabe et le nègre plus indifférent encore ne prennent jamais la peine d'enfouir ; sans eux, des miasmes dangereux vicieraient l'air aux abords des villes et engendreraient des maladies épidémiques.

GENRE CHIEN.

LE LOUP.

Le loup plus gros, plus fort, plus musculeux que le chien, lui ressemble par sa forme générale. Le loup, dit Buffon, est un de ces animaux dont l'appétit pour la chair est le plus véhément ; et quoique avec ce goût il ait reçu de la nature les moyens de la satisfaire, qu'il lui ait été donné des armes, de la ruse, de l'agilité, de la force, tout ce qui est nécessaire, en un mot, pour trouver, attaquer, vaincre, saisir et dévorer sa proie, cependant il meurt souvent de faim, parce que l'homme

E. GUILLAUMOT

lui ayant déclaré la guerre, l'ayant même proscrit en mettant sa tête à prix, le force à fuir et à demeurer dans les bois, où il ne trouve que quelques animaux sauvages, qui lui échappent souvent par la vitesse de leur course. Le loup est naturellement grossier et poltron, mais il devient ingénieux par besoin, et hardi par nécessité; pressé par la famine, il brave le danger, vient attaquer les animaux sous la garde de l'homme, ceux surtout qu'il peut emporter aisément, comme les agneaux, les chevreaux et les petits chiens.

Les loups sont extrêmement voraces et mangent indifféremment les proies vivantes et les cadavres d'animaux. Les ravages qu'ils causaient autrefois dans les bergeries les ont fait proscrire de presque tous les pays. L'Angleterre en est complétement délivrée et s'ils paraissent encore dans nos pays, ce n'est qu'en petit nombre : ils ne se montrent guère dans nos villages que lorsque la neige couvrant le sol, les réduit à la famine.

C'est dans les contrées froides du nord de la Russie et dans les steppes de la Pologne que les loups règnent en maîtres; c'est là qu'ils vivent en troupes considérables et qu'ils sont vraiment redoutables par leur audace, par leur nombre et par leur férocité. Lorsque des voyageurs sont surpris par ces bandes de loups affamés, ils ont beaucoup de mal à s'en défendre : les coups de fusil les écartent pour un instant, mais après avoir dévoré leurs compagnons morts ou blessés, — car en dépit du proverbe les loups se mangent parfaitement entre eux, — ils reviennent à la charge en plus grand nombre; naturellement lâches quand ils sont isolés, ils deviennent d'une audace incroyable quand ils sont en force.

LE RENARD.

Le renard est beaucoup moins gros que le loup et a des formes infiniment plus déliées : sa queue est plus longue, plus touffue et sa taille plus svelte, mais la

forme de ses oreilles et la direction oblique de ses yeux
sont semblables à celles du loup.

Le renard, dit Buffon, est le plus adroit et le plus
rusé des animaux carnassiers ; le choix du lieu de son
domicile, l'art de faire ce manoir, de le rendre com-

mode, d'en dérober l'entrée sont autant d'indices d'un
sentiment supérieur, le renard en est doué et tourne
tout à son profit ; il se loge au bord des bois, à portée
des hameaux ; il écoute le chant du coq et le cri des
volailles ; il les savoure de loin ; il prend habilement
son temps, cache son dessein et sa marche, se glisse,
se traîne, arrive et fait rarement des tentatives inutiles ;

s'il peut franchir les clôtures ou passer par dessous, il ne perd pas un instant, il ravage la basse-cour, y met tout à mort, se retire ensuite lestement en emportant sa proie, qu'il cache sous la mousse ou qu'il porte à son terrier; il revient quelques instants après en chercher une autre qu'il emporte et cache de même, mais dans un autre endroit; ensuite une troisième, une quatrième, etc., jusqu'à ce que le jour ou le mouvement dans la maison l'avertisse qu'il faut se retirer et ne plus revenir. Il fait la même manœuvre dans les pipées où l'on prend des grives et des bécasses au lacet; il devance le chasseur, va de très-grand matin visiter les lacets, emporte successivement les oiseaux qui se sont empêtrés, les dépose tous en des endroits différents, surtout au bord des chemins, dans les ornières, sous la mousse et sait parfaitement les retrouver au besoin; il chasse les jeunes levrauts en plaine, saisit quelquefois les lièvres au gîte, et détruit une quantité prodigieuse de gibier. Le renard aime aussi le laitage, le fromage et les œufs; il est surtout friand de miel et pour, s'en procurer, brave la piqûre des abeilles.

LE RENARD BLANC, qui habite les froides régions du pôle arctique, est presque blanc : il a le museau encore plus pointu que le renard ordinaire; ses oreilles sont cachées dans sa fourrure; sa queue est courte, touffue et son pelage extrêmement lisse.

Pendant l'hiver il se cache dans la neige; il nage avec beaucoup de facilité. Sa nourriture varie suivant les contrées qu'il habite : au Spitzberg, il mange les petits animaux; au Groenland, il satisfait son appétit avec les débris qu'il trouve sur le rivage; dans la

Laponie et dans les parties septentrionales de l'Asie, il trouve une abondante nourriture dans les troupeaux de marmottes, très-nombreux dans ces pays.

Le Renard bleu. — On connaît aussi une espèce de renard dont le poil est d'une couleur gris bleuâtre, ce qui lui a fait donner le nom de renard bleu : cette variété habite également les pays froids. Si les renards diffèrent de couleur et de taille, ils se ressemblent tous par le caractère, montrent la même voracité et déploient, les uns comme les autres, beaucoup d'astuce et de patience quand il s'agit de satisfaire leur appétit.

LE CHACAL.

Le chacal ressemble assez au renard ; cependant on peut le reconnaître à ses jambes plus longues et à son museau moins pointu. Les mœurs du chacal ont beaucoup d'analogie avec celles du chien. Quand il est pris jeune, on peut le dresser facilement et le faire obéir comme un chien ordinaire ; mais à l'état sauvage, les chacals se font redouter par leur nombre et leur voracité : ils attaquent toute espèce de volailles ou de bétail presqu'à la vue des hommes ; ils entrent insolemment, et sans marquer de crainte, dans les bergeries, dans les étables, les écuries ; lorsqu'ils n'y trouvent rien à manger, dévorent les cuirs des harnais, les bottes, les souliers, etc. ; faute de proies vivantes, ils déterrent les cadavres des hommes et des animaux ; on est obligé de battre la terre sur les sépultures et d'y mêler de grosses épines pour les empêcher de la gratter et de fouir, car une épaisseur de quelques pieds ne suffi-

rait pas pour les rebuter. Ils travaillent plusieurs ensemble, et accompagnent de cris lugubres cette exhu-
mation nocturne. Lorsqu'ils sont une fois accoutumés aux
cadavres humains, les chacals ne cessent de courir les
cimetières, de suivre les armées, de s'attacher aux cara-

vanes : ce sont les corbeaux des quadrupèdes ; la chair
la plus infecte ne les rebute pas : leur appétit est si
constant et si impérieux, que le cuir le plus sec est
encore savoureux et que toute peau, toute graisse, toute
ordure animale leur est également bonne.

Pendant le jour, ils gardent le silence ; mais la nuit,
ils poussent des hurlements effroyables, capables d'as-
sourdir les gens peu éloignés. Les animaux des forêts

sont réveillés par ces cris, et le lion, ainsi que toutes les bêtes féroces, s'emparent de tous les animaux timides auxquels ce bruit fait prendre la fuite. C'est à raison de cette circonstance que le chacal a mérité la qualification de pourvoyeur du lion.

Les chacals font des terriers et n'abandonnent leurs habitations que la nuit pour chercher leur proie.

Ces quadrupèdes existent dans tous les climats tempérés de l'Asie et dans la plupart des contrées de l'Afrique, depuis l'Algérie jusqu'au cap de Bonne-Espérance. Ils exhalent une odeur nauséabonde, ce qui rend leur présence encore plus désagréable.

Le Chacal de Barbarie, autrement appelé l'Adive, diffère du chacal ordinaire par la couleur de son pelage et par une raie noire qui part de chaque côté de l'oreille et descend jusqu'au cou; il est aussi plus fin et plus rusé. L'adive ne chasse pas en troupe et marche seul à la conquête de sa proie; ses mœurs ressemblent beaucoup à celles du renard dont il a toute l'astuce et toute la perfidie; il serait un des plus jolis quadrupèdes et peut-être un des plus aimables si son genre de vie ne lui donnaient une physionomie trop empreinte de fausseté et de fourberie.

L'adive s'apprivoise facilement. Il n'est pas rare de voir chez nos compatriotes habitant l'Algérie, de ces jolis animaux réduits à la domesticité; cependant leur odeur forte et pénétrante les fait reléguer loin des habitations, et ces obstacles, empêchant de les flatter et de recevoir leurs caresses, font qu'ils gardent toujours un reste de sauvagerie.

LE CHIEN.

Si l'empire avait été donné à l'intelligence, le chien serait le roi des animaux ; beaucoup peuvent le surpasser

en ruse et en astuce, aucun n'atteint son esprit de suite et son discernement. C'est grâce à cet auxiliaire que l'homme a pu faire la conquête du monde ; sans le chien, il n'aurait pu réduire certains animaux à la domesticité et se défendre contre les attaques des bêtes féroces.

3.

Le chien, dit Buffon, indépendamment de la beauté de ses formes, de sa vivacité, de sa force, de sa légèreté, le chien a par excellence toutes les qualités intérieures qui peuvent lui attirer le regard de l'homme. Un naturel ardent, colère et même féroce et sanguinaire, rend le chien sauvage redoutable à tous les animaux, et cède dans le chien domestique aux sentiments les plus doux, au plaisir de s'attacher et au désir de plaire. Il vient en rampant mettre aux pieds de son maître son courage, sa force et ses talents ; il attend ses ordres pour en faire usage ; il le consulte, il l'interroge, il le supplie : un coup d'œil suffit ; il entend les signes de sa volonté. Sans avoir comme l'homme la lumière de la pensée, il a toute la chaleur du sentiment ; il a de plus que lui la fidélité, la constance dans ses affections : nulle ambition, nul intérêt, nul désir de vengeance, nulle crainte que celle de déplaire ; il est tout zèle, tout ardeur, tout obéissance. Plus sensible au souvenir des bienfaits qu'à celui des outrages, il ne se rebute pas par les mauvais traitements, il les subit, les oublie et ne s'en souvient que pour s'attacher davantage ; loin de s'irriter ou de fuir il s'expose de lui-même à de nouvelles épreuves ; il lèche cette main, instrument de douleur qui vient de le frapper, il ne lui oppose que la plainte, et le désarme enfin par la patience et la soumission.

Plus docile que l'homme, plus souple qu'aucun des animaux, non-seulement le chien s'instruit en peu de temps, mais même il se conforme aux mouvements, aux manières, à toutes les habitudes de ceux qui lui commandent ; il prend le ton de la maison qu'il habite ; comme les autres domestiques, il est dédaigneux chez les grands et rustre à la campagne : toujours empressé pour son maître et prévenant pour ses seuls amis, il ne fait aucune attention aux gens indifférents, et se déclare contre ceux qui ne sont faits que pour importuner ; il les connaît aux vêtements, à la voix, à leurs gestes, et les empêche d'approcher.

Les chiens se rencontrent à l'état sauvage en Éthiopie, dans le midi et le nord de l'Amérique, à la Nouvelle-Hollande et dans plusieurs autres contrées du globe.

Nos jeunes lecteurs savent que les chiens montrent une sagacité extraordinaire et une obéissance bien supérieure à celle des enfants ; ils ont entendu parler de l'instinct merveilleux du fameux chien caniche appelé Munito, qui jouait aux cartes, faisait sa partie de dominos, assortissait les couleurs d'une robe d'après l'échantillon qu'on lui soumettait, et accomplissait mille autres exercices, non moins surprenants.

Voici quelques faits qui prouvent la remarquable intelligence de cet animal :

Un marchand de petits pâtés annonçait sa présence à l'aide d'une clochette. Un jour, il prit la fantaisie à cet homme d'offrir un de ses gâteaux au chien d'un épicier voisin. Le lendemain, le chien n'entendit pas plutôt le bruit de la sonnette, qu'il se précipita au-devant du marchand et lui fit comprendre qu'il goûtait fort sa pâtisserie. Le marchand, montrant une pièce de deux sous à son client à quatre pattes, lui désigna son maître qui regardait cette scène sur le pas de sa boutique. Le chien comprit la pantomime, courut vers l'épicier et par ses démonstrations le supplia de lui donner de l'argent ;

l'épicier lui ayant accordé les deux sous réclamés, le chien les porta au pâtissier en échange d'un pâté. Ce commerce dura plusieurs mois et, comme on le suppose, ce ne furent ni le chien ni le pâtissier qui s'en lassèrent les premiers.

Un chien nommé Barry, a servi pendant douze années à l'hospice du mont Saint-Bernard, et il a sauvé la vie à plus de quarante personnes dans le chemin périlleux de ces glaciers éternels. Son zèle était aussi admirable que l'instinct qu'il déployait en allant à la recherche des voyageurs égarés. Tout le long du jour il courait en aboyant et revenait surtout aux endroits les plus dangereux. Lorsque ses forces ne suffisaient pas pour tirer de dessous la neige un homme tombé dans les ravins, il retournait à l'hospice pour amener des religieux avec lui. Un jour, cet animal intéressant trouva un enfant gelé entre le pont de Dronaz et le glacier de Balsora ; aussitôt il se mit à le lécher jusqu'à ce qu'il fût parvenu à le ranimer, et, à force de caresses, il engagea l'enfant à s'attacher à son corps. C'est ainsi qu'il porta comme en triomphe le pauvre petit à l'hospice. Après sa mort, Barry fut empaillé et déposé au musée de la ville de Berne, où on le voit encore.

Tout le monde connaît l'histoire du chien de Montargis, qui découvrit l'assassin de son maître, combattit avec lui en champ clos, et finit par lui faire avouer son crime. Voici une anecdote à peu près du même genre, du moins en ce qui concerne la sagacité de l'animal qui nous occupe.

Un gentilhomme avait un épagneul dont il dut se défaire parce que, ayant été mal élevé, ce chien avait contracté de mauvaises habitudes. Un an après, ce gentilhomme voyageant avec son domestique, fut surpris par un orage et obligé de se réfugier dans une auberge de fort mauvaise apparence, où se trouvaient réunis trois individus d'aspect sinistre. Ce domestique conseilla à son maître de s'éloigner de ce vilain gîte, malgré la pluie qui continuait de tomber avec force; sur ces entrefaites, un chien vint lécher la main du gentilhomme et se rouler à ses pieds en poussant des petits cris de joie. Il reconnut son épagneul et lui prodigua quelques caresses. Le chien, lorsqu'il vit son ancien maître gravir l'escalier de sa chambre, le tira par les vêtements, afin de l'empêcher de monter. Les soupçons des deux hommes ne firent que s'accroître devant les manifestations du chien; néanmoins, ils pénétrèrent dans la chambre, bien résolus de poursuivre leurs investigations et de se mettre en garde contre toute attaque. Le chien voyant qu'il ne pouvait arracher son maître de ces lieux, se mit à gratter à la porte d'un cabinet, comme pour inviter à l'ouvrir. Cette porte étant solidement fermée et ne cédant pas sous la pression, le maître et le valet réunirent leurs forces, firent sauter la serrure, pénétrèrent dans le cabinet et virent avec horreur le corps d'un homme criblé de blessures. Le gentilhomme et son domestique quittèrent l'auberge à l'instant même et allèrent prévenir la gendarmerie. Les assassins arrêtés avouèrent qu'ils se disposaient à mettre à mort les deux voyageurs pendant leur sommeil, ainsi qu'ils l'avaient fait de plusieurs autres.

On connaît le courage et le dévouement des chiens de Terre-Neuve. Comme ils sont très-forts, on les emploie dans leur pays au transport des marchandises. Quatre de ces chiens, attelés à un traîneau, voiturent facilement cent cinquante kilogrammes pendant quinze à vingt kilomètres. Lorsqu'ils sont déchargés de leur fardeau, ils retournent d'eux-mêmes au lieu de chargement, et exécutent leurs transports sans le secours d'aucun conducteur. On les récompense ordinairement d'un plat de poisson sec dont ils se montrent très-friands.

Les variétés du chien sont assez nombreuses ; leurs mœurs et leurs habitudes diffèrent suivant le milieu qu'ils habitent. En voici les principaux types :

LE CHIEN DU KAMTSCHATKA est entièrement blanc et de petite taille. Il ressemble beaucoup au renard, sinon qu'il a le nez beaucoup moins effilé. Ce chien ne reçoit qu'une éducation imparfaite et reste à demi-sauvage. Les habitants du Nord l'utilisent comme bête de somme et l'attellent à leurs traîneaux. On a vu de ces animaux parcourir jusqu'à cent kilomètres dans un jour. Il n'est pas de chevaux qui soient plus utiles aux habitants des contrées tempérées que les chiens ne le sont aux peuples du Nord. Leur nourriture consiste en viande séchée, en détritus de toutes sortes, et principalement en poissons, que souvent ils vont pêcher eux-mêmes.

LE CHIEN DE TERRE-NEUVE, dont nous venons de parler, s'acclimate très-bien dans nos pays. On en rencontre un peu partout, et il est facile de le reconnaître à sa haute taille et à son goût pour la baignade.

LE BRAQUE. Il y a deux espèces de chiens de chasse : le chien d'arrêt et le chien courant. Le premier est ordinairement choisi parmi les épagneuls et les braques ;

ils sont dressés à quêter le gibier dans la plaine. Lorsqu'ils éventent un lièvre, une perdrix ou une caille, ils s'arrêtent brusquement, tendent le museau et restent dans cette position jusqu'à l'arrivée du chasseur. On a vu de ces chiens tenir l'arrêt durant plus d'une heure.

Le chien courant procède différemment; il suit le gibier à la piste, le force dans sa retraite, et le poursuit en aboyant.

Les Chiens bassets, aux jambes torses, sont ordinairement employés pour forcer le renard dans son terrier.

Le Lévrier est utilisé dans certains pays pour chasser le lièvre et le chevreuil en plaine. Comme cette espèce de chien a de longues jambes, taillées pour la course, aucun lièvre ne peut lui échapper, et il en détruirait bien vite la race, si la nature lui avait donné le flair du braque ou de l'épagneul.

Le Chien dogue et le Chien bouledogue semblent appartenir à l'Angleterre; c'est du moins dans ce pays qu'on les élève en plus grand nombre. Comme gardiens et surveillants, aucuns autres chiens ne peuvent leur être comparés. Ils remplissent ce devoir avec une vigilance et une constance remarquables : quand un étranger pénètre dans la maison qui leur est confiée, ils l'accompagnent sans lui faire aucun mal tant qu'il ne touche à rien; du moment qu'il cherche à s'emparer de quelque objet, le chien grogne et lui montre les dents; quand l'étranger veut s'en aller, le chien s'y oppose : s'il veut passer outre, l'animal se jette sur lui, le renverse et, sans le mordre, le maintient dans cette position jusqu'à l'arrivée d'une personne de la maison.

On connaît le courage et la ténacité de ce chien. Excité par son maître, il attaque n'importe quel animal et le lion lui-même ne l'intimiderait pas. Les bouledogues sont des chiens assez taciturnes; ils sont avides de caresses et ne les rendent point; ils ne manifestent leur attachement par aucune démonstration chaleureuse, mais veillent sur leur maître avec une vigilance extrême, et à la moindre apparence de danger, s'élancent en avant, prêts à déchirer l'homme ou l'animal qui voudrait l'attaquer.

Le Chien de berger est un gardien d'un autre genre; son action s'exerce sur des animaux et, mieux que le berger lui-même, il maintient l'ordre et la discipline dans le troupeau. Il faut le voir aller et venir sans cesse, ramener la bête qui s'éloigne, arrêter l'ardeur de celle-ci, stimuler l'indolence de celle-là, et chasser les intrus de la compagnie. Le chien de berger est celui qui ressemble le plus au loup par sa forme extérieure, mais là s'arrête la ressemblance, et le croqueur de moutons n'a pas d'ennemi plus redoutable que lui.

Le Chien barbet est le plus sagace de la famille, C'est lui qui possède la mémoire la plus fidèle et le discernement le plus complet. C'est pour cette raison que les aveugles leur accordent toujours la préférence. Nonseulement ils savent préserver ces pauvres infirmes de toute chute, les guider au milieu des obstacles et des encombrements, ils savent encore les conduire dans les endroits où demeurent les personnes charitables, ramasser l'argent qu'on jette et le déposer dans le chapeau de leur maître.

Les habitants de Charency, petit village situé aux

confins du département de la Moselle, se rappellent encore le chien Trotro. Il allait chercher le tabac de son maître à la ville voisine, éloignée de quatre kilomètres; lorsque, pour l'éprouver, le marchand ne lui donnait pas le poids voulu, le chien refusait le tabac, se mettait à aboyer et demeurait dans la boutique tant qu'on n'avait pas satisfait à sa réclamation.

CARNIVORES PLANTIGRADES.

L'OURS NOIR.

Les ours ne sont qu'à moitié carnivores; ils se nourrissent de substances végétales autant que de chair ; leurs formes sont massives, leur allure indolente, et leur caractère taciturne. On en connaît quatre espèces principales que l'on désigne par leurs couleurs ce sont : l'ours noir, l'ours brun, l'ours gris et l'ours blanc.

L'ours noir est plus sauvage que féroce, il vit presque exclusivement de végétaux et de poissons. On le rencontre dans les pays du Nord ; ils sont très-nombreux au Kamtschatka. L'hiver, ils habitent les montagnes ; au printemps ils descendent dans la plaine et se rendent vers les embouchures des rivières pour y pêcher le poisson qui abonde dans toutes les eaux de cette péninsule.

Ces ours sont si peu dangereux que les femmes et même les jeunes filles Kamtschadales vont chercher des racines, des herbes ou de la tourbe au milieu d'une compagnie d'ours noirs. Ces animaux ne leur font aucun mal, et, s'ils s'approchent d'elles, c'est seulement pour manger ce qu'elles portent dans leurs mains; jamais on ne les a vu attaquer un homme, sans être provoqués.

L'OURS BRUN.

L'ours brun, qu'on trouve dans les Alpes, les Pyrénées, les montagnes de Sibérie, etc., est infiniment

moins pacifique que l'ours noir. Il habite les cavernes, des rochers ou quelque arbre creux, et vit dans l'isolement, non pas avec sa famille comme certains animaux, mais bien dans une solitude absolue. Pendant une partie de l'hiver, l'ours brun ne quitte pas son domicile et reste durant plusieurs semaines privé de nouriture; il n'est cependant pas engourdi comme le loir ou la marmotte, néanmoins, il observe ce jeûne rigoureux et sort de sa tannière dans un état de maigreur effrayant. C'est en ce moment que l'ours est le plus dangereux, l'appétit le rend inexorable et il égorge tout ce qui tombe sous sa griffe. Avant de s'hiverner, c'est-à-dire vers la fin de décembre, l'ours est si gras et si indolent qu'il peut à peine se mouvoir. Les habitants du Nord lui font la chasse à cette époque, autant pour s'emparer de sa fourure qui est superbe, que pour la quantité de graisse dont il est chargé. Cette chasse n'est pas sans danger et se pratique de plusieurs manières La plus originale consiste à placer un appât à l'extrémité d'une corde fixée à une branche courbée : l'ours pour atteindre l'appât, est forcé de passer sa tête dans le nœud coulant; ce nœud se resserre, la bête cherche à le rompre en avançant le cou, et ne fait que le serrer davantage; finalement il s'étrangle, et reste suspendu à l'arbre.

Dans certaines contrées, cette chasse se pratique plus audacieusement : un chasseur, sans autres armes qu'un coutelas bien affilé et un stylet pointu aux deux extrémités, va chercher l'ours jusque dans sa tannière et marche droit sur lui. Au moment où l'animal se dresse sur ses jambes de derrière, ouvre les bras et la gueule pour saisir son agresseur, celui-ci lui enfonce le stylet dans la gorge, de façon qu'en refermant les mâchoires l'animal se perfore la voûte du palais; la douleur qu'il ressent est si vive qu'il est incapable de se défendre. C'est exactement de cette manière que les sauvages de l'Inde s'emparent des crocodiles de grande taille.

La chair des ours est bonne à manger : sa graisse

produit de l'huile; on confectionne avec sa peau des couvertures, des bonnets, des gants, des souliers, etc. Quand les ours sont pris jeunes, il est assez facile de les apprivoiser, et l'on parvient à leur faire exécuter une foule d'exercices; on leur apprend à tenir un bâton, à danser au son du tambourin, à sauter pour monsieur, à sauter pour madame, à saluer l'honorable compagnie, etc. Nous avons souvent l'occasion de voir ce genre de spectacle dans les fêtes publiques, et nos jeunes lecteurs ont déjà ri, sans doute, en regardant la danse de l'ours.

L'OURS GRIS.

L'ours gris diffère de l'ours brun par la taille, par la couleur du pelage, et aussi par le caractère. Cet ours habite le nord de l'Amérique et c'est le plus formidable de tous les animaux de ce pays. Sa grosseur est monstrueuse; il n'est pas rare de rencontrer des ours gris qui mesurent deux mètres vingt-cinq centimètres de hauteur.

Comme l'ours brun, il est à moitié carnivore et à moitié frugivore, mais n'attaque les animaux que lorsque les végétaux lui manquent. Malgré sa lourde masse, il court presque aussi rapidement qu'un cheval, et grimpe sur les arbres avec une grande facilité.

Cet animal jette la terreur dans les régions du Canada, car sa force est telle qu'il peut étouffer un bison dans ses bras. Outre la puissance de ses muscles, il possède encore un courage à toute épreuve; c'est bien certainement le plus brave de tous les animaux :

jamais il ne recule devant le péril; jamais il ne prend la fuite en présence d'un ennemi, quelles que soient sa taille et sa vigueur : la farouche panthère, le tigre sanguinaire, le terrible lion, lui-même, battent en retraite devant des forces supérieures et s'épouvantent parfois à l'aspect d'un objet inconnu. — On cite un tigre qui a pris la fuite en voyant ouvrir une ombrelle. — L'ours gris ne s'intimide jamais, et marche toujours en avant : rien ne l'arrête, rien ne l'étonne; on dirait qu'il n'a pas la conscience du danger, ni l'instinct de la conservation. Cette opinion peut être admise en ce qui touche les ours blancs, qui sont de véritables brutes féroces, mais elle ne peut se soutenir à l'égard des ours gris; ces animaux montrent une finesse, une patience, un discernement qui ne laissent aucun doute sur leurs facultés intellectuelles. L'ours gris ne cède donc point à une témérité stupide, et comme il est rarement aveuglé par la fureur, ni excité par la soif du sang, son courage n'en est que plus digne d'admiration.

Ces animaux sont assez peu répandus et ne quittent guère leur solitude.

L'OURS BLANC.

L'ours blanc habite les plus froides régions du globe et passe la moitié de sa vie dans l'eau. Ces animaux n'ont point les habitudes des ours terrestres et vivent en compagnie nombreuse. Ils sont essentiellement carnivores et ne se nourrissent que de poissons, principalement de phoques et de morses. Nous venons de parler de leur témérité; l'anecdote suivante va nous en fournir

un exemple : des matelots assaillis par une troupe
d'ours blancs, s'étaient réfugiés et barricadés dans une
caverne de glace. Outre leurs armes portatives, ils
avaient un de ces petits canons en usage autrefois dans
la marine. Les premiers ours qui parurent furent tués
sur-le-champ; les hurlements de ces bêtes féroces ayant
été entendus, des vengeurs ne tardèrent point à se pré-
présenter. Ces animaux, pour atteindre le fort où s'é-
taient retranchés leurs ennemis, passaient entre des
glaçons formant une espèce de portique; le canon fut
braqué vers cette ouverture, et chaque fois qu'un ours
franchissait ce passage, il tombait frappé par le projec-
tile. Dix-huit ours furent massacrés de la sorte. Chaque
animal put voir son compagnon expirer à la même place
et de la même manière; aucun ne se détourna de son
chemin et ne pensa diriger ses attaques d'un autre côté,
— ce que l'ours gris ou brun n'aurait pas manqué de
faire : Est-il possible de se montrer plus aveuglément
courageux ?

Voici un autre exemple :

L'équipage d'un canot appartenant à un navire
baleinier, tira sur un ours blanc et le blessa; l'animal
poussa des hurlements affreux et courut le long de la
glace vers le bâtiment; on tira sur lui un second coup
qui ne servit qu'à augmenter sa fureur; il se jeta à la
nage, accosta le canot, et plaça une de ses pattes sur
le bord du bateau; un des matelots lui coupa cette
patte d'un coup de sa hache d'abordage, l'ours conti-
nua de nager derrière le canot jusqu'à ce qu'il fût
arrivé près du navire; on tira du pont plusieurs coups
de fusils qui blessèrent de nouveau l'animal obstiné.

L'ours, malgré le sang qui lui coulait de toutes parts, escalada le vaisseau, grimpa sur le tillac, et s'apprêtait à poursuivre l'équipage qui s'était réfugié dans les hautbans, lorsque, enfin, un dernier coup de feu mieux dirigé, l'étendit par terre.

Ces animaux, qu'on serait tenté de croire privés de tout sentiment, montrent beaucoup d'attachement à leur progéniture et prodiguent à leurs petits les soins les plus touchants. Lorsque l'un d'eux succombe, la mère pousse des hurlements lamentables, retourne le corps avec ses pattes, le dresse et semble vouloir le rappeler à la vie. Les mâles témoignent la même affection pour leurs femelles et se font tuer sur place plutôt que de les abandonner, lorsqu'elles sont blessées ou en danger. N'est-il pas singulier de voir autant de brutalité unie à plus de tendresse? La nature offre à chaque instant de pareils phénomènes, et nous aurons plus d'une fois l'occasion de le constater.

LE BLAIREAU.

Le blaireau est un animal très-innocent qui vit de racines, de fruits et d'autres nourritures végétales. Il est peu d'animaux qui soient mieux que lui pourvus de moyens de défense; ses dents et ses griffes sont d'une force remarquable; il n'a pas plus de quatre-vingt centimètres de longueur et résiste aux plus gros animaux. Quoique d'un naturel indolent, il se défend avec énergie et fait quelquefois des blessures très-profondes à ses adversaires. Sa peau est si flasque et en même temps si dure, qu'elle résiste aux morsures, et lui permet de se tourner dedans et de mordre ses agresseurs.

Ces animaux vivent solitaires, mais par couples. Ils habitent le creux des rochers ou des terriers qu'ils se façonnent. Ils dorment pendant tout le jour et ne sortent

que le soir pour aller chercher leur pâture. Durant l'hiver, ils s'engourdissent et dorment dans un lit de feuilles sèches.

Le blaireau porte sous la queue une bourse qui sécrète une substance blanchâtre d'une odeur fétide.

Autrefois, on voyait beaucoup de ces animaux dans

les pays tempérés : aujourd'hui on ne les rencontre plus guère que dans le nord de l'Europe et de l'Asie. Ce qu'il y a de remarquable dans cet animal, c'est que son corps est gris en dessus et noir en dessous ; le contraire existe chez les autres mammifères qui, presque toujours, ont le pelage plus foncé sur le dos que sur le ventre, ainsi que le fait remarquer Aristote. Les poils du blaireau servent à confectionner des pinceaux.

LE RATON.

Le raton est un peu moins gros que le blaireau ; son

dos est légèrement voûté et ses pattes de derrière sont plus grandes que celles de devant. Sa tête ressemble à celle du renard, moins les oreilles qui sont plus courtes que celles de ce dernier animal; sa mâchoire supérieure est très-effilée et dépasse la mâchoire inférieure.

Le raton se trouve en Amérique et dans plusieurs îles de l'Inde occidentale. Sa nourriture se compose de maïs, de cannes à sucre et de différentes espèces de fruits; il mange aussi du poisson et se montre très-friand d'huîtres, qu'il sait fort habilement enlever de leur coquille; il arrive parfois que l'huître se referme tout à coup, et que les pattes de l'animal se trouvent prises: dans cette position, il ne peut plus marcher et risque d'être noyé par la marée montante.

Le raton est de nature enjouée. Il est fort actif et ses griffes qui sont aiguës, lui permettent de grimper facilement sur les arbres, lorsqu'il est privé, il est très-folâtre et se montre aussi espiègle et aussi malin qu'un singe; il se tient debout pour manger, aime beaucoup les friandises et remue presque continuellement.

LE KINKAJOU.

Le kinkajou, qui habite l'Amérique méridionale, peut être regardé comme le dernier des singes et le premier des carnassiers. C'est un joli petit animal de forme élégante. Sa queue est longue et prenante, comme celle du sapajou. Son caractère est doux; il s'apprivoise facilement et s'accommode de tous les régimes.

LE GLOUTON.

Cet animal est infiniment moins aimable que les précédents, et son nom indique la voracité de son appétit.

Le glouton habite les contrées septentrionales de l'Europe et de l'Amérique. Il est à peu près de la taille d'un gros chien et mesure près de quatre-vingt-dix centimètres, sans compter la queue qui en porte trente. Le glouton a le pelage d'un brun rouge, excepté sur le dos : cette partie, depuis la tête jusqu'à la queue, est d'un beau noir brillant; ses jambes étant très-courtes le rendent impropre à la course, mais ses griffes sont admirablement disposées pour grimper. Le glouton a les mêmes mœurs que le lynx, son compatriote, c'est-à-dire qu'il attend sa proie au passage, caché sur quelque branche d'arbre : lorsque paraît un élan, un renne, etc., il se jette sur lui, s'attache à son cou et s'y cramponne si bien que l'animal ne peut s'en délivrer; tandis que la victime se débat, le glouton lui suce le sang; si l'animal est trop longtemps à courir, il lui crève les yeux; lorsque la bête épuisée succombe, le glouton la déchire, la dévore, et s'en repaît jusqu'à ce qu'il tombe dans un état d'engourdissement, pareil à celui du serpent boa. Lorsqu'il sort de cette espèce de léthargie, son appétit lui est revenu, et il recommence à manger jusqu'à nouvel engourdissement.

Buffon prétend qu'aussitôt que le glouton a mis un animal à mort, il le dépèce et cache ces morceaux en différents endroits pour les soustraire à la voracité des autres carnassiers, et ne touche à sa proie qu'après l'avoir mise en sûreté. Ces habitudes, communes aux chiens sauvages, aux renards et à plusieurs autres animaux rusés et prévoyants, ne s'accordent guère avec les mœurs du glouton qui mange jusqu'à tomber sur place, et qui ne se relève que pour recommencer.

Le raton, le blaireau et le glouton, tiennent le milieu entre les ours et les animaux du groupe suivant.

GENRE MARTE.

LA MARTE.

La marte, le putois, le furet, la fouine, la be-

lette, etc., sont des animaux qui ont le corps très-long et les pieds très-courts, ce qui leur a fait donner le nom d'animaux vermiformes ; aussi passent-ils par les plus étroites ouvertures. Malgré leur petite taille, ils vivent du sang des animaux plus faibles ou plus timides. La marte est le plus joli type de cette famille : sa taille est élégante ; sa tête, petite et bien formée ; ses pattes très-délicates, et sa fourrure, des mieux fournie.

La marte vit dans les bois et établit son domicile dans le creux des arbres et le plus haut possible. C'est un animal courageux qui attaque des animaux beaucoup plus gros que lui ; il se nourrit de rats, de souris, d'écureuils, d'oiseaux, etc., et habite les contrées du nord.

La Zibeline est une variété de cette espèce et ne se trouve que dans les parties septentrionales de l'Asie, de l'Amérique, et au Kamtschatka.

On chasse ce petit animal pour s'emparer de sa peau qui est la plus estimée de toutes les fourrures. Il n'est guère que les princes ou les personnes extrêmement riches qui s'en permettent l'usage. On le comprendra facilement, quand on saura que certaines peaux de zibeline, qui ne sont pas plus grandes que les deux mains, se vendent quelquefois deux cents francs.

LA BELETTE.

La longueur de ce petit animal est d'environ vingt à vingt-cinq centimètres, depuis le museau jusqu'à la naissance de la queue, et il n'a pas plus de sept centimètres de hauteur. La marche de ce quadrupède se compose de sauts et de bonds inégaux. Il sait grimper le long des murs et ramper si facilement, qu'il s'intro-

duit partout. La morsure de la belette est ordinairement
fatale à ses victimes ; elle saisit sa proie à la tête et y
fixe ses dents aiguës. On prétend que l'aspect de ce petit
animal épouvante le lièvre, à ce point que ses forces
l'abandonnent, et qu'il se livre sans résistance à son
ennemi. Les belettes sont farouches, cruelles et difficiles
à apprivoiser. Elles ravagent les poulaillers et les pi-

geonniers dans lesquels l'exiguïté de leur taille leur
permet toujours de s'introduire ; elles sont avides d'œufs
et les vident fort adroitement sans les briser — c'est à
cet indice qu'on reconnaît la présence d'une belette
dans une ferme.

Cet animal se loge dans les trous, sous des racines
d'arbres et sur le bord des ruisseaux. Il se rencontre
dans tous les pays tempérés, et il n'est guère de fermiers de notre pays qui n'aient à payer un tribu à ces
carnassiers.

LE PUTOIS.

Le putois habite nos pays et on le rencontre rarement ailleurs que dans les régions tempérées. C'est la terreur des poulaillers ; il se glisse dans les basses-cours, monte aux volières, aux colombiers où, sans faire autant de bruit que la fouine, commet plus de dégât ; il coupe ou écrase la tête à toutes les volailles et les transporte ensuite, une à une, dans son magasin.

Le putois habite les forêts pendant l'été et se creuse des terriers Pendant l'hiver, il établit sa résidence dans le voisinage des fermes, afin de se procurer plus facilement sa nourriture.

LE FURET.

Le furet, à part sa couleur blanchâtre et ses yeux roses, ressemble tellement au putois qu'on les prendrait pour deux frères ; ils demeurent cependant bien loin l'un de l'autre, puisque le furet est originaire des régions situées sous la zone torride, et ne vit dans nos contrées qu'à l'état domestique. Il a été importé en Espagne pour délivrer ce pays de la multitude de lapins dont il était infesté, et de là s'est introduit dans le midi de la France.

Certains animaux paraissent avoir des ennemis spéciaux, particulièrement voués à leur destruction, sans compter l'homme le grand destructeur. Le furet semble avoir été créé pour modérer la trop grande fécondité du lapin : un jeune furet, qui n'a jamais vu de lapins, entre en fureur instinctivement aussitôt qu'il aperçoit un de ces innocents quadrupèdes, s'élance sur lui avec impétuosité, lui enfonce ses dents dans le cou, enlace son corps autour du sien, et reste dans cette position tant qu'il peut en obtenir une goutte de sang. Un seul furet suffit pour détruire une garenne toute entière.

Le furet est d'un naturel vorace; il se rend utile dans les habitations rurales en détruisant les rats et les souris; mais ses services se payent quelquefois très-cher, car il ne se fait aucun scrupule de s'attaquer aux volailles.

On prétend que ce petit animal a tellement soif de sang, que la femelle dévore sa progéniture, ordinairement composée de sept à huit petits. On cite des exemples de furet qui ont fait mourir des enfants dans leur berceau.

Cet animal n'est pas susceptible d'attachement. Il s'irrite facilement et se jette sur la main qui le nourrit.

LA MOUFETTE.

La moufette tient du blaireau par ses ongles de devant très-longs et propres à fouir, par ses dents et par sa manière de marcher. Le putois, la fouine, le furet, etc., exhalent une odeur désagréable mais cette odeur est douce en comparaison de celle que répand la moufette. Quand cet animal est serré de trop près, il décharge son urine sur les chasseurs et cette urine est d'une telle âcreté qu'elle peut aveugler ceux qui la reçoivent dans les yeux. Si elle tombe sur les habits, ils deviennent à l'instant hors d'usage; c'est en raison de ce fait que les chiens refusent de chasser cet animal. Les moufettes habitent l'Amérique du Nord où elles sont très-communes. Elles se nourrissent de petits animaux, d'oiseaux, d'écureuils, etc.

On raconte qu'une femme ayant trouvé et assommé une moufette dans sa cave, il s'exhala une odeur tellement fétide, que non-seulement cette femme en fut malade pendant plusieurs jours, mais que le pain, la viande et autres provisions qui se trouvaient là, furent à ce point infectés qu'il fallut les enterrer.

Le Conepate, espèce de moufette qui habite le Pérou et le Brésil, est également remarquable par son odeur nauséabonde.

LES MANGOUSTES,

Les mangoustes mesurent de dix-neuf à vingt centimètres de longueur. Elles ont le corps allongé comme la marte. Leur pelage est brun, rayé de douze bandes transversales d'un brun plus foncé, qui sillonnent leur corps depuis les épaules jusqu'à l'origine de la queue. Ces animaux habitent le bord des eaux et se nourrissent de serpents, de reptiles, etc., particulièrement d'œufs de crocodiles, dont ils se montrent très-avides. On parvient à les réduire à la domesticité et ils rendent de très-grands services dans les maisons en les débarrassant des bêtes immondes.

On compte plusieurs espèces de mangoustes dont les principales sont :

La Mangouste, ou rat de Pharaon, connue des anciens sous le nom d'Ichneumon et à laquelle les Égyptiens rendaient les honneurs divins, comme étant un animal bienfaisant.

La Mangouste nims, originaire de l'Arabie, très-ca-

ressée des Arabes, à raison de son habileté à détruire les serpents.

La Mangouste rouge, la Mangouste de java, etc.

Les Suricates ressemblent aux mangoustes, excepté qu'ils n'ont que quatre doigts à tous les pieds.

L'ICTIS.

En parlant de l'espèce marte, il est difficile de passer sous silence l'ictis.

Cet animal semble avoir été formé par la nature uniquement pour faire la guerre aux abeilles : il s'introduit dans leur habitation pour s'emparer de leur miel, et en les dévastant détruit un grand nombre de ces mouches utiles. La peau de ce quadrupède est si épaisse, si dure et en même temps si molle et si flasque, que l'animal peut se retourner et mordre ceux qui le saisissent par le cou, même très-près de la tête. Il faut pour tuer l'ictis, le frapper sur le nez ou le percer avec une arme bien tranchante, car il ne semble pas ressentir les coups de bâton, ni la morsure des chiens.

Ce quadrupède habite l'Afrique, principalement les environs du cap de Bonne-Espérance : on en trouve aussi quelques-uns en Sardaigne, où ils se sont acclimatés.

Cet animal excelle à découvrir les essaims d'abeilles, et il possède la sagacité de suivre un petit oiseau qui vole avec lenteur et qui se nourrit aussi d'abeilles.

Cet animal exhale une odeur si fétide qu'on lui donne quelquefois le nom de blaireau puant.

Il vit dans des terriers.

LA LOUTRE.

La loutre a le corps long de plus de soixante-dix centimètres, les jambes courtes, les pieds palmés, la queue aplatie, la tête large, ovale et plate : c'est le pirate de l'eau. Elle commet autant de ravages dans les rivières que le putois dans les basses-cours. La loutre plonge avec une extrême facilité et peut demeurer un temps considérable sous l'eau. Elle habite le bord des rivières et établit ses terriers avec infiniment d'habi-

leté; elle a soin d'en cacher l'ouverture extérieure au milieu des broussailles les plus épaisses : l'autre entrée s'ouvre toujours sous l'eau. Cet animal se nourrit presque, exclusivement de poisson, dont il ne mange que la tête et le dos; il attaque aussi la volaille et les petits quadrupèdes, lorsqu'il va rôder sur la terre — ce qui n'arrive que rarement et à des distances fort rapprochées de la rivière. — Les loutres, quoique d'un naturel féroce, s'apprivoisent, lorsqu'elles sont prises dans le jeune âge, et on parvient à les dresser à la chasse aux poissons, comme on dresse le faucon à la chasse aux oiseaux. Une loutre bien dressée rapporte à son maître des bénéfices considérables; elle prend en une heure assez de poisson pour nourrir toute une famille. Le poisson qu'elle pêche appartient ordinairement à la grosse espèce qu'on peut vendre au marché, si l'on a soin d'empêcher la loutre de le mutiler à la naissance de la première nageoire de la queue, ce qu'elle ne manque jamais de faire.

On cite une jeune loutre apprivoisée qui suivait comme un chien; lorsqu'elle avait peur, elle se réfugiait dans les bras de son maître. Elle entendait son nom et accourait au premier appel; elle était très-folâtre et sollicitait les caresses. Quand on l'employait à la pêche, elle rapportait quelquefois huit à dix saumons par jour. Lorsqu'elle était fatiguée elle refusait de retourner à et l'eau, s'endormait en se roulant en spirale.

Dans l'état sauvage, la loutre montre un courage extraordinaire et ne se rend jamais; il faut la tuer pour s'en emparer: si un chien la saisit, elle se cramponne à lui et cherche à l'entraîner dans la rivière pour le noyer.

On trouve cet animal dans presque toute les parties de l'Europe. Sa peau, avec laquelle on confectionne des objets de toilette et des coiffures, est très-recherchée à cause de sa douceur. Sa chair est comestible et sent tellement le poisson, qu'autrefois, dans les jours de carême, il était permis d'en manger.

Certaines loutres d'Irlande pèsent jusqu'à trente kilogr.

La Loutre de mer, deux fois plus grande que la précédente, est fort recherchée dans le nord de la mer Pacifique, à cause de sa fourrure qui se vend en Chine à des prix excessifs.

L'Aonyx, qui habite le cap de Bonne-Espérance, est une espèce de loutre qui vit sur le bord des rivières : cet animal se nourrit de poissons et — chose étonnante pour un carnassier — il est privé de griffes.

GENRE CIVETTE.

LA GENETTE.

La genette est aussi un animal odorant, mais l'odeur qu'elle répand ne ressemble en rien à la puanteur des animaux du genre marte. Ce joli animal est un peu moins gros que le putois ; son pelage est doux et sa robe rayée de bandes noires et blanches. La genette a beaucoup de ressemblance avec les animaux décrits plus haut, mais son naturel est plus traitable et l'on parvient à l'apprivoiser facilement.

A Constantinople, les genettes remplacent les chats domestiques et débarrassent les maisons des rats et des souris qui ne peuvent supporter son odeur. Cette espèce n'est pas fort répandue.

On trouve quelques genettes en Turquie, en Syrie, en Espagne, et dans le nord de l'Afrique. Le parfum de cet animal provient d'un orifice placé en dessous de la queue ; ce parfum n'est point très-pénétrant et ne tient pas longtemps.

LA CIVETTE.

La civette est l'animal odorant par excellence. Il mesure de soixante à soixante-quinze centimètres; son poil est grossier et se hérisse tellement sur le dos qu'il forme une espèce de crinière. Il est très-vorace, et se nourrit particulièrement d'oiseaux. La civette porte sous la queue une poche qui sécrète une matière grasse et parfumée que l'on peut recueillir. Autrefois, les Hollandais élevaient beaucoup de ces animaux et faisaient commerce de cette matière. Le parfum de la civette est si pénétrant qu'il se communique à toutes les parties de son corps et que l'odeur s'en conserve longtemps après que l'animal a cessé de vivre. La civette est d'un naturel farouche et s'apprivoise difficilement.

Elle est originaire de l'Afrique méridionale.

III. — LES INSECTIVORES.

L'ordre des insectivores comprend les animaux qui se nourrissent principalement d'insectes. Dans cette famille, tous les individus sont plantigrades, c'est-à-dire qu'ils marchent sur la plante des pieds.

LE HÉRISSON.

· Le hérisson ne dépasse guère la taille du chat. Il a la tête et les côtés couverts de piquants courts et fort durs. Ce quadrupède sait se défendre sans combattre et blesser sans attaquer; n'ayant que peu de force et nulle agilité pour fuir, il a reçu de la nature une armure épineuse, avec la faculté de se resserrer en boule et de présenter de tous côtés des armes défensives qui rebutent ses ennemis : plus ils le tourmentent, plus il se hérisse et se resserre ; lorsqu'il est en péril, il lâche son urine dont l'odeur et l'humidité se répand sur tout son corps et achèvent de les dégoûter ; aussi la plupart des chiens se contentent-ils d'aboyer sans chercher à le saisir. Le renard parvient à s'en rendre maître, en se mettant la gueule en sang et en se piquant les pattes.

Pendant l'hiver, les hérissons se cachent dans un nid de mousse et passent à dormir la saison rigoureuse. On le trouve dans toutes nos contrées. Il vit dans les bois, sous les troncs des vieux arbres, dans les fentes des rochers. Il se nourrit d'insectes et de fruits tombés. Pendant le jour, il se cache dans les broussailles et ne sort que la nuit pour aller à la maraude et dévaster les potagers.

Il y a cinq ou six espèces de hérissons parmi lesquels on distingue :

Le Tanrec, qui habite Madagascar. Cet animal a toutes les habitudes des hérissons d'Europe, et, passe comme eux, plusieurs mois de l'année dans un sommeil léthargique. Par sa forme et l'allongement de son nez, il ressemble assez au cochon.

LA MUSARAIGNE.

La musaraigne est un petit quadrupède qui tient le milieu entre la taupe et la souris ; plus petite que cette dernière, dont elle a la forme générale, elle en diffère par son museau allongé en forme de grouin, pareil à celui de la taupe. Ces petits animaux ont la vue imparfaite et la marche très-lente; ils s'éloignent peu des maisons et vivent de graines, d'insectes et de chairs corrompues; ils exhalent, à certaines époques de l'année, une odeur forte qui répugne aux chats; cette

odeur provient d'une glande située sur les flancs de l'animal, glande qui sécrète une humeur visqueuse.

Les musaraignes se trouvent dans presque toutes les contrées d'Europe. Elles se creusent des terriers ou vont se blottir dans des tas de fagots, de fumier, et dans les meules de foin. Elles ne sortent que vers le soir, et vont à la chasse des insectes, dont elles sont avides.

LA TAUPE.

A première vue, il est facile de reconnaître cet animal qui diffère si complétement par sa forme des autres

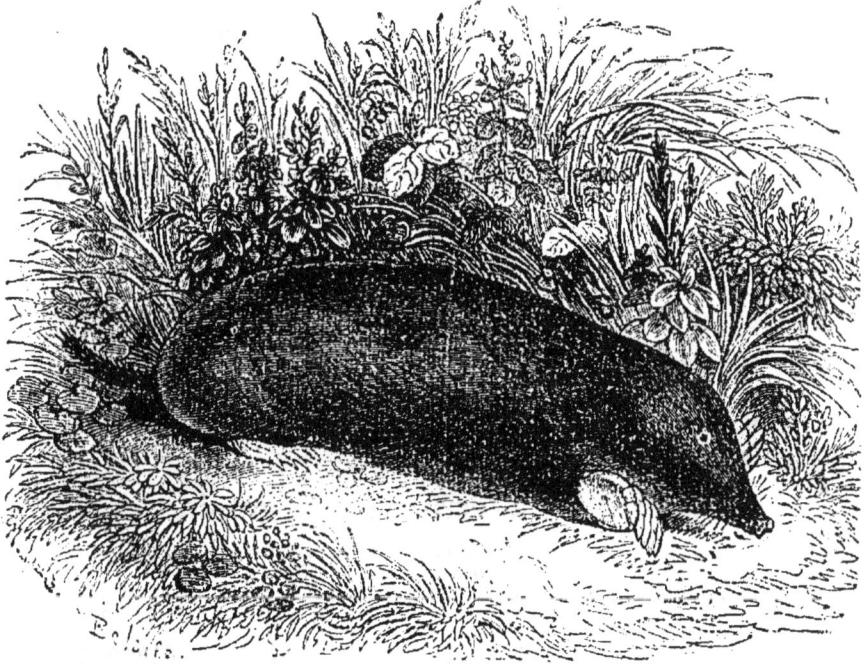

quadrupèdes. Son corps, long de quinze à vingt centimètres, de forme presque cylindrique, se termine par un museau pareil au grouin du cochon et par une queue déliée et fort courte; son cou n'est pas apparent et sa tête semble attachée à ses épaules; ses jambes sont si basses que son ventre touche la terre : celles de devant sont entièrement nues et se terminent par des mains larges

presque semblables à la main de l'homme; les doigts
sont garnis d'ongles puissants; les pieds de derrière
sont beaucoup plus petits. La peau dé cet animal est
couverte d'un poil doux, pareil à du velours; sa couleur
générale est noire; ses yeux sont si petits et si complétement enfoncés dans sa fourrure, que l'animal ne peut
guère en faire usage : son genre de vie n'exige pas, d'ailleurs, une grande perception puisqu'il ne quitte point les
entrailles de la terre.

La taupe se creuse, à quinze ou vingt centimètres du
niveau du sol, de nombreuses galeries souterraines qui
correspondent toutes à un point central; ce point est son
lieu de domicile et celui de sa famille : cette demeure
est bâtie avec le plus grand art; elle est spacieuse, soutenue de distance en distance par des piliers solides, et
séparée par des cloisons faites avec de la terre et des
racines; la voûte de cet édifice est si dure, que l'eau n'y
peut pénétrer. C'est sous ce dôme que la femelle construit son nid et qu'elle allaite ses petits.

La taupe fouille la terre avec son grouin et la déblaye
avec ses pattes charnues et vigoureuses.

Ces petits animaux bouleversent les prairies et causent de grands ravages dans les cultures maraîchères;
c'est pourquoi on cherche à les détruire en posant des
piéges dans leurs galeries.

Depuis quelques années, on a constaté, en faisant
l'autopsie de leurs intestins, que les taupes rendent
plus de services qu'elles ne causent de dommages,
attendu qu'elles détruisent une quantité considérable
de larves de hannetons, de courtilières, de vers et d'une
foule d'insectes nuisibles à l'agriculture.

IV. — LES CHÉIROPTÈRES.

Dans la classe des animaux carnassiers, il existe des animaux tellement différents des autres par leur forme et par leur genre de vie qu'on a été obligé d'en former un ordre particulier auquel on a donné le nom de chéiroptères — mot qui veut dire main ailée.

LA CHAUVE-SOURIS.

La chauve-souris est certainement un des animaux les plus étranges de la création : elle est à la fois quadrupède et oiseau et ses mœurs ne sont communes ni à l'une ni à l'autre de ces espèces.

Cet animal, plus petit que la souris, avec laquelle il a plus d'un rapport, a une vie toute aérienne. Ss ailes ne ressemblent en rien à celles des oiseaux : ce sont des membranes de peaux fort minces qui sont attachées aux pieds de devant et s'étendent jusqu'à la queue; ses pieds, armés de griffes, ne lui servent pas de moyen de locomotion, car lorsqu'il est à terre, il se traîne en s'aidant de ses ailes plus que de ses pieds; ces membres sont destinés à supporter l'animal quand il sommeille, ce qu'il fait en restant suspendu la tête en bas.

La chauve-souris est nocturne et ne commence à voler qu'après le coucher du soleil. Elle se nourrit d'insectes, de papillons, de mouches etc., qu'elle happe en volant à la manière des hirondelles. Pendant le jour, elle se retire dans les endroits les plus obscurs. Elle ne fait pas de nid et se contente du premier trou venu.

Lorsqu'elle a des petits, elle les accroche à ses mamelles et les allaite en voltigeant; si la chauve-souris en est incommodée, elle les dépose sur quelque muraille ou ces petits restent étendus comme des feuilles de vigne.

Vers la fin de l'été, les chauves-souris se retirent dans les souterrains, dans les creux d'arbres, et dans tous les endroits sombres.

Elles demeurent engourdies pendant l'hiver, enveloppées dans leurs ailes comme dans un manteau, et suspendues par leurs pieds. Elles se réunissent en grand nombre pour hiverner, et se pressent les unes contre les autres afin de s'abriter contre le froid. Elles sommeillent

5.

dans cet état, et sans prendre aucune espèce de nourriture, jusqu'au retour du printemps.

Les Mégadermes et les Rhinolophes sont des chauves-souris qui portent sur le bout du nez une membrane en forme de feuille.

Les Oreillards, très-communs dans notre pays, ont des oreilles presque aussi grandes que le corps.

Toutes ces expansions membraneuses ont leur utilité : la peau des ailes possède une sensibilité si exquise quelle supplée à la vision ; les oreilles sont douées d'un tact si parfait, que l'animal se dirige avec la plus grande assurance pendant la nuit et recueille les bruits les plus légers.

La Roussette de Java est la plus grande chauve-souris connue ; elle se nourrit de fruits et de petits oiseaux. Les autres espèces sont insectivores, et celle dont nous allons parler ne vit que de sang.

LE VAMPIRE.

Le vampire est une chauve-souris de grande taille qui habite plusieurs contrées de l'Amérique, de l'Archipel indien, et de la Nouvelle-Hollande.

Cet animal, les ailes déployées, atteint quelquefois un mètre d'envergure et son corps est presque aussi gros que celui d'un petit chat.

Le vampire a les mêmes mœurs que les chauves-souris de notre pays, mais il en diffère par son régime : Le vampire s'abreuve de sang. Lorsqu'il trouve des animaux ou des hommes endormis, il insinue sa langue pointue dans une veine et suce le sang jusqu'à ce qu'il en soit gorgé. Pendant qu'il se repaît, il a soin d'éventer sa victime en agitant ses ailes, afin de rendre l'air plus frais et de prolonger son sommeil.

On raconte toutes sortes d'histoires terribles au sujet de cet animal, qu'on appelle aussi spectre de la Guyane; on a prétendu qu'il faisait mourir un grand nombre de personnes adultes, principalement des femmes, et beaucoup de petits enfants dans leurs berceaux.

Ces récits sont évidemment exagérés; cependant, il est certain que la piqûre de cet animal cause souvent des accidents funestes, et l'on sait que les premiers Espagnols qui abordèrent dans l'Amérique méridionale eurent beaucoup à en souffrir. Cuvier, tout en faisant des réserves sur ces blessures, reconnaît qu'elles peuvent devenir fatales lorsqu'elles sont envenimées par la chaleur du climat.

LE GALÉOPITHÈQUE.

L'ordre des chéiroptères se lie étroitement à celui des quadrumanes par la conformité des mains et par les mamelles qui sont placées de la même manière; il en diffère beaucoup par la forme du corps qui, nous l'avons dit, ressemble chez les chéiroptères à celui de la souris.

Le galéopithèque paraît former le trait d'union entre ces deux races. Cet animal a toute l'apparence d'un singe, et ses membres sont réunis par une membrane qui lui permet de se soutenir dans l'air, comme la chauve-souris; seulement cette membrane n'est pas la même chez les deux sujets : Celle du galéopithèque

semble un manteau ajusté au corps; elle est beaucoup plus épaisse que celle de la chauve-souris et bien moins étendue; elle ne peut remplir l'office d'ailes et il ne sert à l'animal que de parachute. Chez les chauves-souris les bras, tout entiers, sont enveloppés dans les replis de la peau, ainsi que les doigts qui sont d'une extrême longueur; ces doigts, en s'écartant, tendent la membrane comme les baleines d'un parapluie en tendent le taffetas. Chez le galéopithèque, cette peau s'ajuste au corps et ne peut se développer que très-faiblement.

Cet animal, qui devrait être placé avec les faux singes, habite les îles Philippines.

Il se nourrit d'insectes et vit dans les bois.

V. — LES AMPHIBIES.

L'ordre des amphibies est formé par des mammifères qui, par leur forme extérieure, diffèrent complétement des quadrupèdes carnassiers, tout en conservant une organisation presque analogue. Ces animaux ont des membres qui ne sont pas propres à la marche, aussi passent-ils la plus grande partie de leur vie dans l'eau.

LE PHOQUE.

Le phoque semble tenir le milieu entre les quadrupèdes et les cétacés, de même que ces derniers conduisent à la classe des poissons en passant par les squales.

La tête du phoque ressemble assez à celle du chien;

son museau est garni de moustaches comme celui du chat. Son corps, épais et rond qui se termine en pointe, est couvert d'un poil ras et doux. Ses pieds sont fort courts ; ceux de devant sont enveloppés par la

peau jusqu'aux poignets, et ceux de derrière jusqu'au talon : les premiers lui servent à ramper sur les rochers et à se traîner sur le sable ; ceux de derrière ne peuvent lui servir que de nageoires et de gouvernail, tellement ils sont reculés.

L'espèce phoque est assez considérable ; les individus qui la composent peuvent différer par la taille et par certains caractères particuliers, mais tous se ressemblent par la forme générale et par le mode d'existence.

Les phoques communs ne dépassent guère deux mètres de longueur. Ils établissent leurs demeures dans les grottes souterraines. On les voit souvent, pendant l'été, étendus sur les rochers. Ils vivent en troupes nombreuses et leur principale nourriture consiste en poisson et en mollusques.

Les phoques habitent presque toutes les mers, principalement celle de l'extrême nord et de l'extrême sud.

La chasse de cet animal fait à peu près l'unique occupation du Groëlandais qui en retire les choses indispensables à son existence : il se nourrit de sa chair, s'éclaire de sa graisse et se fait des tentes, des lits, des couvertures, des vêtements, des chaussures avec sa peau.

Quoique d'un naturel timide et d'un caractère inoffensif, le phoque se défend avec courage, surtout quand il a des petits. On l'apprivoise assez facilement et il paraît éprouver un vif attachement pour son maître, ainsi que le témoigne l'aventure suivante :

Un pêcheur ayant élevé un jeune phoque, voulut s'en débarrasser parce qu'il coûtait trop cher à nourrir ; à cet effet, il se fit aider de sa femme et de plusieurs autres personnes et alla rejeter l'animal dans la mer ; le phoque n'y voulut pas rester et suivit son maître à la maison. Quelques jours après, le pêcheur renouvela sa tentative, et, cette fois, eut soin de se cacher dans les rochers, afin de se dérober à la vue de son élève ; celui-

Ours blanc attaquant un Phoque.

ci, malgré cette précaution, parvint à le découvrir et le pêcheur, vaincu par cette preuve d'attachement, conserva le fidèle animal.

On montre dans certaines ménageries des phoques qui obéissent au commandement, se tournent, se dressent, sautent, aboient et font mille évolutions sur un signe de leur maître.

Cet animal a le regard intelligent et doux; ses grands yeux sont pareils à ceux du veau, mais plus expressifs. La femelle allaite ses petits en les tenant dans ses bras, comme le pourrait faire une nourrice.

Pendant les beaux jours, on voit des troupes de jeunes phoques s'ébattre sur les rochers; ils sont d'un naturel enjoué et aiment à folâtrer. Comme ils sont très-timides, à la moindre apparence de danger, ils se précipitent dans la mer.

LE PHOQUE A TROMPE est le géant de l'espèce; il mesure quelquefois jusqu'à huit mètres de longueur et atteint le poids de mille kilogrammes. Ces animaux doivent leur nom à la forme allongée de leur museau. Ils vivent en troupes nombreuses dans les îles de la Nouvelle-Zélande et dans l'Océan austral. Ils sont d'un tempérament léthargique et difficiles à réveiller; leur indolence et leur lenteur en font une proie facile; aussi les chasseurs profitent-ils de leur sommeil, pour les attaquer et les détruire. Cette chasse n'est pas sans danger, car aussitôt que l'animal se sent blessé, il oppose une vigoureuse résistance, et ses dents sont assez puissantes pour faire de profondes blessures.

La voix du phoque à trompe ressemble au hennissement du cheval.

Le Lion marin, est une espèce de phoque qui a le nez relevé. Le mâle porte sur le cou de longs poils qui rappellent assez la crinière du lion. Sans être aussi grand que le précédent, cet animal atteint quelquefois cinq ou six mètres de longueur et pèse jusqu'à six cents kilogrammes. Les femelles sont infiniment plus petites. Les lions-marins habitent les mers septentrionales. Ils se nourrissent de poissons et à certaines époques s'abstiennent de nourriture.

Contrairement à ce qui existe chez leurs congénères, qui témoignent beaucoup d'attachement à leur progéniture, les lions-marins ne montrent aucune affection pour leurs petits; ils les écrasent souvent en marchant, et les laissent tuer sous leurs yeux avec la plus complète indifférence. Ces petits ne sont pas folâtres comme les autres enfants de phoques; ils sont engourdis et paraissent stupéfiés par le besoin de sommeil.

Les vieux lions-marins beuglent comme des taureaux et les jeunes, bêlent comme des moutons.

LE MORSE.

Cet animal est remarquable par les défenses qu'il porte à la mâchoire supérieure. Ces défenses, qui sont presque aussi grandes que celles de l'éléphant, au lieu de se dresser en l'air, ou de se prolonger en avant, ou de se courber en arrière, comme chez les autres animaux, se dirigent vers la terre. Elles pèsent quelquefois quinze kilogrammes, et servent à l'animal autant pour se défendre que pour arracher les coquillages dont il fait sa principale nourriture.

Les morses vivent en nombreuses compagnies, et semblent éprouver un vif attachement les uns pour les autres. Comme les cochons, ils sont unis par une étroite solidarité; quand un morse est harponné par des pê- cheurs, toute la troupe accourt le défendre ou le ven-

ger. Il n'est pas rare de voir des embarcations assiégées par ces animaux : ils se cramponnent facilement à l'aide de leurs défenses et réunissent leurs efforts pour faire chavirer leurs ennemis.

Quand ils ne sont point tourmentés, les morses se montrent inoffensifs et se sauvent à l'approche de l'homme. Les Groënlandais qui vivent du produit de ces animaux, ne cessent de les pourchasser, bravent leur colère et sont parfois victimes de leur témérité.

VI. — LES RONGEURS.

L'ordre des rongeurs comprend les mammifères dont la bouche est armée de fortes dents incisives et de molaires, mais qui manquent de canines. Ces animaux ne se nourrissent que de substances végétales, qu'ils rongent avec beaucoup de facilité. En général, les rongeurs sont de petite taille et de mœurs assez douces.

LE CASTOR.

Cet animal, deux fois plus gros qu'un chat, ressemble un peu au cochon d'Inde. Sa queue n'a aucun rapport avec celle des autres animaux : Elle est longue d'environ trente centimètres, large, plate et nue, et plus étroite à sa naissance qu'à son extrémité ; elle rappelle les spatules employées par les ouvriers en bitume, et sert à l'animal d'instrument propre au transport et à la construction.

Aucun quadrupède ne possède autant de sagacité naturelle que le castor : bâtir est sa passion dominante et son occupation favorite. Les travaux des castors semblent être le résultat d'un contrat passé entre eux pour la conservation de l'espèce et leur bien-être mutuel.

Ils vivent ordinairement en communautés de trois cents individus et occupent des habitations qu'ils élèvent à deux mètres au-dessus du niveau de l'eau.

Lorsque les castors veulent établir un phalanstère, ils choisissent autant que possible un grand étang, au bord duquel ils construisent leurs maisonnettes sur pilotis.

Le nombre de ces constructions varie de dix à cinquante.

Avant de procéder à l'édification de leurs demeures, les castors établissent une digue, afin de se mettre à l'abri de toute inondation. A cet effet, ils abattent des arbres qu'ils sapent, en les rongeant avec leurs dents incisives qui sont très-puissantes. Lorsque ces arbres sont abattus, les castors creusent des trous au fond de l'eau, et, à force d'efforts combinés, parviennent à introduire une des extrémités de l'arbre dans le trou préparé et à le maintenir debout; ces arbres, ou pieux, étant dressés, ils les relient à l'aide de branches qu'ils savent parfaitement entrelacer; ensuite ils remplissent les intervalles de pierres, de terre glaise et maçonnent si solidement qu'un homme peut se promener sur ce quai en toute sécurité.

Ces digues dépassent quelquefois trente mètres de longueur; elles ont ordinairement trois mètres d'épaisseur à la base et un mètre à la surface.

Cette chaussée est établie avec tant d'art que l'industrie humaine ne saurait mieux faire.

La jetée étant terminée, les castors s'occupent de la construction de leur cabane. Ces maisonnettes sont bâties en terre, en pierres et en bois, et revêtues extérieurement d'un enduit imperméable; les murs ont environ soixante centimètres d'épaisseur et le plancher est tellement élevé au-dessus du niveau de l'eau,

qu'il ne court jamais le risque d'être submergé. Ces
cabanes, divisées en plusieurs compartiments, ont deux
issues : l'une, qui s'ouvre du côté de la terre et par
laquelle l'animal sort pour aller chercher ses provisions; l'autre, beaucoup plus basse, donne accès sur
l'eau.

Ces constructions établies, les castors en prennent
possession et s'y logent en famille.

Leur manière de construire est des plus ingé-
nieuses: ils pétrissent la terre avec leurs pattes de
devant et la battent avec leur queue; quand ce mortier
a suffisamment de consistance, le castor broyeur le
charge sur la queue d'un castor voiturier et celui-ci,
laissant traîner cette queue, l'emporte jusqu'à l'endroit
voulu. Le mortier, arrivé à destination, est employé
par d'autres ouvriers qui l'étendent ou l'enfoncent à
grands coups de pattes et de queue.

Quand on voit les constructions relativement gigantesques des castors, on comprend la puissance de l'as-
sociation; quand on pense aux difficultés que ces animaux ont à vaincre, aux combinaisons véritablement
scientifiques qu'ils sont obligés d'employer, on cesse
de comprendre, et l'on ne peut qu'admirer l'intelligence
de cet animal, auquel l'auteur de toute chose a accordé
de si merveilleux talents.

Les castors sont originaires de presque toutes les
contrées septentrionales: on les trouve principalement dans l'Amérique du Nord; ils sont fort répandus
dans les environs de la baie d'Hudson et dans le Canada.
Leur fourrure fait l'objet d'un commerce important à
cause de sa douceur et de sa souplesse.

On chasse le castor de plusieurs manières : à l'aide de nœuds coulants, ou bien avec des chiens terriers.

Ces animaux sont inoffensifs et timides : on peut les apprivoiser assez facilement. Ils sont gais et folâtres et jouent entre eux comme de jeunes chats.

Leur nourriture consiste en branches de saule, en écorces d'arbres et en diverses racines.

Les Rats musqués de l'Inde sont des castors en mignature. Ils ont, comme eux, une queue plate et couverte d'écailles et, comme eux, l'amour des constructions; leurs habitudes sont semblables et quoique d'espèces différentes, ces animaux se ressemblent tant par les mœurs, que certains voyageurs appellent les rats musqués, petits castors.

L'ÉCUREUIL.

Ce gracieux hôte de nos forêts, qui se fait admirer par l'élégance de ses formes et la vivacité de ses allures, est facile à apprivoiser. Dans l'état de liberté, sa nourriture consiste en fruits, amandes, noisettes, glands, etc. Il est propre, vif, très-alerte, très-éveillé, très-industrieux; il a les yeux pleins de feu, la physionomie fine, le corps nerveux, les membres très-dispos. Sa jolie figure est encore rehaussée par une fort belle queue en guise de panache, qu'il relève jusque par-dessus la tête et sous laquelle il se met à l'ombre.

L'écureuil est, pour ainsi dire, moins quadrupède que les autres animaux; il se tient ordinairement assis, presque debout et se sert de ses pieds de devant comme de mains pour porter à sa bouche; au lieu de se cacher sous terre, il est toujours en l'air ; il approche les oiseaux par sa légèreté et demeure comme eux à la cime des arbres ; il parcourt les forêts en sautant d'une branche à l'autre, y fait son nid, cueille des graines, boit la rosée et ne descend à terre que quand les arbres sont agités par

la violence des vents. Il craint l'eau encore plus que la terre, et l'on assure que lorsqu'il lui faut la passer, il se sert d'une écorce d'arbre pour vaisseau et de sa queue pour gouvernail. Il ne s'engourdit pas comme le loir pendant l'hiver ; il est en tout temps très-éveillé.

L'écureuil est d'un caractère craintif ; il est toujours aux aguets et à la moindre apparence de danger, il bondit de branche en branche avec la rapidité d'un oiseau.

Les écureuils se rencontrent dans presque tous les pays tempérés.

L'ÉCUREUIL GRIS, qui habite l'Amérique septentrionale, cause beaucoup de ravages dans les plantations de maïs, parce qu'il coupe l'épi pour en manger la moelle.

L'ÉCUREUIL DU MALABAR est remarquable par sa queue touffue et par la couleur de son pelage d'un rouge prononcé.

LE PETIT GRIS, qui habite les contrées septentrionales, est un écureuil dont la fourrure est fort estimée.

LE SCIUROPTÈRE, ou écureuil volant, porte sur presque toute l'étendue de son corps une membrane velue qui lui permet de sauter d'arbre en arbre à des distances considérables. Il ne vit pas isolé comme l'écureuil ordinaire et marche toujours par bandes.

Lorsqu'il saute, il écarte ses jambes de derrière et déploie la membrane qui les soutient en l'air. On voit que ce vol ne ressemble en rien à celui de l'oiseau, ni même à celui de la chauve-souris, puisque l'animal ne peut se soutenir horizontalement: il rappelle celui du galéopithèque.

Les écureuils volants se trouvent dans les contrées septentrionales de l'ancien et du nouveau continent, particulièrement dans l'Amérique du Nord.

LA MARMOTTE.

Cet animal qui se plaît dans les régiòns neigeuses,
ne se trouve que sur les plus hautes montagnes, où
il passe la moitié de sa vie à dormir. C'est ordinairement vers la fin de septembre qu'il se récèle dans sa
retraite, pour n'en sortir qu'aux premiers jours d'avril.

Cette retraite, d'une grande capacité et très-profonde,
est tapissée de mousse.

La marmotte creuse la terre avec une grande facilité, grâce à la disposition de ses pieds et de ses ongles.

Pendant l'été, ce quadrupède fait une ample provision de fourrage. Comme ces animaux vivent en société, on assure que tous les travaux se font en commun. Lorsqu'ils procèdent à la récolte, les uns coupent l'herbe, les autres la ramassent, et, tour à tour, chacun sert de voiture pour la transporter au gîte. Celui qui fait l'office de véhicule se couche sur le dos, étend ses pattes, et se laisse charger de foin ; quand la charge est suffisante, les autres traînent cette voiture vivante en la tirant par la queue.

Les marmottes demeurent ensemble dans leurs habitations ; elles y passent presque tout leur temps, n'en sortent que dans les plus beaux jours et ne s'en éloignent qu'à de fort courtes distances. Quand elles font leurs provisions ou quand elles folâtrent sur l'herbe, l'une d'elles, assise sur le haut d'un rocher, fait sentinelle : aussitôt que cette sentinelle aperçoit un ennemi, elle avertit les autres par un coup de sifflet.

Les marmottes sont des animaux très-inoffensifs, qu'il est facile d'apprivoiser, on les trouve sur presque toutes les hautes montagnes : celles que nous voyons entre les mains des petits Savoyards, proviennent des Alpes.

LE HAMSTER.

Ce quadrupède, moins gros qu'un petit chat, se creuse des galeries et s'endort, pendant l'hiver, si complétement, qu'il a toute l'apparence de la mort ; dans cet état, on peut le blesser avec un instrument tranchant sans qu'il donne le moindre signe de douleur.

Cet animal est remarquable par les deux poches, ou abajoues, dans lesquelles il emporte sa nourriture; ces poches, qui rappellent celles de certaines espèces de singes, ne sont pas visibles quand elles sont vides, et ressemblent à des vessies gonflées lorsqu'elles sont remplies; elles peuvent contenir un volume aussi gros que l'animal lui-même.

Une autre particularité qui distingue le hamster, c'est son humeur batailleuse et son courage indomptable. Il paraît n'avoir d'autre passion que la colère : il attaque tout ce qui se trouve sur son passage, sans faire attention à la taille et à la force de ses ennemis; il ne se retire jamais du combat et se laisse plutôt assommer que de céder. S'il trouve le moyen de saisir la main d'un homme, il ne la quittera qu'en cessant de vivre : la grandeur du cheval l'effraye aussi peu que l'adresse du chien. Quand le hamster se prépare au combat, il commence par vider ses poches, ensuite il les enfle si prodigieusement, que sa tête et son cou surpassent de beaucoup la grosseur de son corps; enfin, il se dresse et se lance sur son ennemi : s'il l'atteint, il ne le quittera qu'après l'avoir tué ou en avoir reçu la mort.

Le hamster est en guerre perpétuelle avec tous les autres animaux; il n'épargne même pas ceux de sa race, sans en excepter les femelles. Quand deux hamsters se rencontrent, ils se livrent un combat qui finit toujours par la mort d'un des champions.

Le hamster cause de grands ravages dans les moissons. Grâce à ses poches, il transporte une quantité considérable de grains dans son terrier ; ces provisions ne peuvent lui servir pendant l'hiver, puisque à cette époque, il tombe dans une léthargie absolue, mais comme il ne marche pas vite et ne peut aller loin, sa prévoyance lui fait emmagasiner dix fois plus de choses qu'il n'en peut consommer.

Le hamster habite la Sibérie, la Pologne et les contrées froides de l'ancien continent.

LE LIÈVRE.

Le lièvre est d'autant plus timide qu'il n'a d'autre moyen de défense que la fuite; aussi le voit-on se sau-

ver à toutes jambes à la moindre apparence de danger: une feuille d'arbre qui roule, un fruit qui tombe suffisent pour lui donner l'alarme; il vit dans des transes continuelles et ses craintes ne sont que trop justifiées,

car tous les animaux carnassiers lui font la guerre,
sans compter l'homme, qui fait de sa conquête un de
ses amusements favoris. Le lièvre est d'autant plus
craintif que ne se creusant pas de terrier, il n'a aucun
refuge.

Cet animal se nourrit de fruits et de racines. Il dort
pendant le jour et ne quitte son gîte qu'après le coucher du soleil, pour aller chercher sa pâture.

On trouve le lièvre dans presque toutes les contrées
tempérées.

LE LAPIN.

Le lapin est un peu plus petit que le lièvre et a des
oreilles moins longues. A part cette différence à peine
sensible, ces deux animaux se ressemblent comme s'ils
étaient frères — ce qui ne les empêche pas de se haïr
et de se déchirer lorsqu'ils se trouvent en présence :
quand un lièvre est enfermé avec un lapin, il en résulte
un combat dans lequel l'un des deux succombe.

Le lapin diffère du lièvre par ses habitudes ; ce
dernier fait son nid à ciel ouvert, dans quelques raies
des champs, surtout dans les lieux ayant la couleur de
son poil ; le lapin, lui, établit son gîte dans le sol, et se
creuse des terriers profonds, dans lesquels il abrite sa
nombreuse progéniture.

La fécondité de cet animal est prodigieuse : on a
calculé que si on enfermait une seule paire de lapins
dans une île, au bout de quatre ans leur nombre dépas-
serait un million d'individus.

Comme le lièvre, le lapin devient la proie d'une

foule d'animaux carnassiers. Le furet et toute l'espèce marte, ainsi que nous l'avons raconté plus haut, poursuivent les lièvres et les lapins avec un acharnement sans pareil.

C'est avec le poil de ces animaux qu'on fabrique les chapeaux dits de feutre, qui font l'objet d'un commerce considérable.

LE PORC-ÉPIC.

Ce curieux animal, deux fois aussi gros qu'un lièvre, a le corps couvert de piquants fort durs et fort pointus

dont quelques-uns dépassent quelquefois trente-cinq centimètres de longueur. Ces piquants nuancés d'an-

6.

neaux noirs et blancs, servent de défense à l'animal
et il a la faculté de les dresser et de les abaisser suivant
sa volonté.

Le porc-épic vit dans les retraites souterraines et
dort pendant le jour. Après le coucher du soleil, il sort
de sa caverne et va chercher des fruits, des racines et
des plantes potagères dont il fait sa nourriture. Son
caractère est des plus doux : il n'attaque jamais et lorsqu'il est poursuivi, grimpe sur les arbres et y reste jusqu'au départ de son ennemi ; s'il ne peut fuir, il hérisse
ses piquants et les secoue. Quand il rencontre des serpents, avec lesquels il est toujours en guerre, il se met
en boule, cache ses pieds et sa tête, se roule sur eux et
leur ôte ainsi la vie.

Ce quadrupède habite l'Inde, la Perse, les îles de
l'Océan pacifique, etc. ; il est fort commun en Afrique
et l'on en trouve quelques-uns en Sicile.

LE RAT.

Ce petit quadrupède est peut-être le plus vorace de
tous les animaux : il s'attaque à tout, mange de toute
espèce de nourriture, même les substances qui ne sont
point comestibles, et finit par dévorer ses semblables —
ce qui est fort heureux, car avec leur appétit formidable
et leur prodigieuse fécondité, les rats viendraient à
bout de ravager des pays entiers.

Les rats sont le fléau des campagnes, des villes,
des villages et même des navires, où ils parviennent à
s'introduire. Leur audace égale leur voracité : ils pénètrent dans les maisons, établissent leurs repaires dans

les murs, dans les planchers, dévorent les provisions, les
œufs, les volailles, les pigeons, le gibier de toute espèce;
rongent les meubles, le linge, les souliers, les livres,
les tapis, etc.

On a vu de ces animaux attaquer des enfants dans
leur berceau et leur ronger le nez et les mains.

Les rats nagent avec beaucoup de facilité et plongent
pour aller saisir le poisson et les petits reptiles. Ce sont
les plus grands dévastateurs connus; ils ne se contentent
pas de détruire, ils volent encore tout ce qu'ils ne peuvent

emporter : on a trouvé dans un nid de rats des objets
de toutes sortes, tels que : couteaux, boutons, clous,
tabatière métallique, bijoux, verres de montre, etc.

Il faut pourtant reconnaître que la voracité du rat
n'est point toujours funeste, surtout dans les grandes
villes : ces animaux débarrassent les égouts et les immondices d'une foule de matières dont les exhalaisons
putrides pourraient nuire à la santé publique.

LA GERBOISE.

La gerboise, moins grosse qu'un rat, ressemble beaucoup au lapin. Ce petit animal est particulièrement
remarquable par la conformation de ses jambes : celles
de devant ont à peine trois centimètres de longueur et
lui servent de mains ; celles de derrière sont longues,
nues et presque semblables à des pattes d'oiseau échassier ; sa queue, beaucoup plus longue que son corps,
est terminée par une touffe de poils.

Cet animal creuse des terriers et se nourrit de racines
et de fruits, comme les autres rongeurs. Il passe sa vie
dans l'obscurité et le jour est le temps de son sommeil.
Il se tient habituellement sur ses pieds de derrière,
saute plus souvent qu'il ne marche et ne se sert de ses
pieds de devant que pour porter ses aliments à sa bouche
ou pour grimper — d'où lui vient le nom de rat bipède
sous lequel on le désigne quelquefois.

La gerboise habite la Palestine, l'Égypte et plusieurs
contrées de l'Afrique.

LE COCHON D'INDE.

Ce quadrupède n'a de commun avec le cochon que le nom qu'il porte ; il n'en a ni la forme, ni le caractère, ni les habitudes. Ses mouvements ont beaucoup d'analogie avec ceux du lapin : il s'assied et mange de la même manière.

Le cochon d'Inde est extrêmement timide, et se complaît dans les retraites obscures, creusées dans les broussailles. Lorsqu'il veut quitter sa demeure, il sort la tête avec beaucoup de circonspection, regarde et écoute avant de mettre le pied dehors : à la moindre alarme, il rentre précipitamment et ne se montre que longtemps après que tout danger a disparu.

Ces petits animaux sont extrêmement propres dans leurs habitudes ; on les trouve toujours occupés à polir et à lustrer leur fourrure suivant la méthode des chats ; le mâle et la femelle se rendent réciproquement cet office, et lorsqu'ils sont bien léchés et bien nets, ils procèdent à la toilette de leurs petits, qu'ils polissent de la même manière.

Le cochon d'Inde est originaire du Brésil, mais s'est propagé dans toutes les contrées tempérées et même dans les régions froides.

L'AGOUTI.

Cet animal est à peu près de la grosseur du lapin. Il possède la voracité du rat et du cochon, et se nourrit indistinctement de chair et de végétaux ; cependant, quand il peut choisir, il préfère les légumes et les fruits : lorsqu'il est rassasié, il cache le reste de ses provisions pour le repas suivant. Il porte sa nourriture à sa bouche avec les pieds de devant, comme presque tous les rongeurs.

Les agoutis sont très-nombreux dans l'Amérique méridionale. On les élève en domesticité.

Leur chair n'est point désagréable et on la prépare comme celle du cochon.

LE LOIR.

Ce petit rongeur est connu dans presque toutes les parties de l'Europe et dans les contrées septentrionales de l'Asie et de l'Amérique. Il se nourrit de fruits et de racines, qu'il mange à la manière des écureuils.

Le loir est joli : son poil est doux et ses yeux très-vifs.

Durant la belle saison, il fait une ample provision de glands, de noix, de haricots, etc., qu'il transporte dans son domicile, ordinairement établi dans un creux d'arbre. Au commencement de l'hiver il se retire dans sa cachette, se roule en boule, la queue sur le nez, et reste ainsi, plongé dans un état de torpeur, jusqu'aux premiers beaux jours.

Le Loir du Chili est un peu plus gros que le précédent, c'est-à-dire de la taille du rat; sa couleur est d'un bleu terne. Il habite des terriers qu'il se creuse profondément et dort aussi pendant la moitié de l'année.

L'ordre des carnassiers et celui des rongeurs fournissent presque toutes les fourrures; ce sont les animaux des pays froids qui donnent les plus belles. C'est

dans les forêts d'Amérique, depuis le Canada jusqu'à
la baie d'Hudson, au Kamtschatka et dans les diverses
parties de la Sibérie, qu'il faut les aller chercher pendant l'hiver. Les fourrures les plus estimées sont celles
provenant de l'espèce marte, hermine, zibeline, etc.

Le commerce des pelleteries est très-important dans
l'Amérique du nord : c'est une des principales richesses
du pays.

VII. — LES PACHYDERMES.

L'ordre des pachydermes comprend tous les animaux
à peau épaisse et renferme des individus de types très-
différents. C'est dans cet ordre que se trouvent les plus
gros quadrupèdes.

L'ÉLÉPHANT.

On a dit beaucoup de choses sur l'éléphant : sa taille
gigantesque, sa force extraordinaire, son intelligence
supérieure méritent notre admiration ; mais il est si
lourd, si informe, si laid, qu'on le regarde avec plus de
curiosité que de plaisir et qu'on n'éprouve nullement le
désir de le caresser.

L'éléphant a le corps ramassé, le cou très-court,
des oreilles énormes ; ses jambes rondes et massives, lui
servent pour ainsi dire de piliers pour soutenir un corps
monstrueux. La partie la plus intéressante de l'animal,
c'est la trompe : entre deux énormes défenses, soudées à
la mâchoire supérieure, s'avance un nez d'une dimension prodigieuse qui descend jusqu'à terre ; ce nez, qu'on

désigne sous le nom de trompe, lui sert à la fois d'arme défensive, de main, de pompe aspirante et même de chasse-mouche.

La trompe de l'éléphant est en même temps un

membre capable de mouvement, et un organe de senti-ment; l'animal peut non-seulement la remuer et la fléchir, il peut encore la raccourcir, l'allonger, la cour-ber et la tourner en tous sens; l'extrémité de cette trompe est terminée par un rebord qui s'allonge par-dessus en forme de doigt; c'est par le moyen de ce rebord que l'éléphant fait tout ce que nous faisons : il ramasse à terre la plus petite pièce de monnaie, il cueille les herbes et les fleurs en les choisissant une à une, il dénoue un cordon, débouche une bouteille, ferme les portes en tournant les clefs et en poussant les verrous, etc.

L'éléphant se nourrit de plantes, de racines, d'herbes et de jeunes pousses d'arbres, lorsqu'il est en liberté ; réduit à la domesticité, il mange du foin, de la paille, de l'avoine, de l'orge, du pain, des légumes, etc. Il ne mange pas, comme la majorité des animaux, en prenant directement la nourriture avec la langue et les dents ; il fait comme l'homme, le singe et la plupart des rongeurs, il se sert de sa trompe comme d'une main et porte les aliments à sa bouche ; il aspire l'eau avec sa trompe, qui lui sert alors de verre, et vide tout le contenu de ce récipient dans sa gueule.

On ne connaît pas au juste la longévité de l'éléphant. On prétend qu'il n'est pas rare de rencontrer dans l'Inde des éléphants âgés de cent trente et même de cent cinquante ans : il est probable qu'en liberté il fournit une carrière beaucoup plus longue.

L'éléphant, une fois dompté, devient le plus doux et le plus patient des animaux ; il s'attache à celui qui le soigne, il le caresse, le prévient et semble deviner tout ce qui peut lui plaire. En peu de temps, il parvient à comprendre les signes et même à entendre l'expression des sons : il distingue le ton impératif, celui de la colère ou de la satisfaction et, il agit en conséquence ; il ne se trompe pas à la parole de son maître ; il reçoit ses ordres avec attention, les exécute avec prudence et

7

empressement, sans précipitation, car ses mouvements sont toujours mesurés, et son caractère semble tenir de la gravité de sa masse. On lui apprend aisément à fléchir le genou, pour donner plus de facilité à ceux qui le veulent monter. Il caresse ses amis avec sa trompe et s'en sert pour enlever les fardeaux. On l'attache par des traits à des chariots, des navires, des cabestans; il tire continuellement et sans se rebuter, pourvu que l'on ne l'insulte pas par des coups donnés mal à propos et qu'on ait l'air de lui savoir gré de sa bonne volonté. Son cornac, monté sur son cou, se sert d'une verge de fer avec laquelle il le pique à côté de l'oreille pour l'avertir de se détourner ou de se presser ; mais souvent la parole suffit.

Depuis la plus haute antiquité les éléphants ont été réduits à l'état domestique, et l'histoire fourmille de traits qui font honneur à l'intelligence et aux sentiments de ces animaux.

Athénée, écrivain grec, parle de la reconnaissance d'un éléphant envers une femme qui lui avait rendu quelques services et qui avait coutume de mettre son enfant, lorsqu'il était tout petit, auprès de l'animal. A la mort de la mère, l'éléphant prit tant d'affection pour l'enfant, qu'il manifestait le plus grand mécontentement lorsqu'on l'éloignait de sa présence; il ne voulait pas manger tant que la nourrice ne plaçait pas le berceau entre ses jambes; alors il prenait les aliments avec grand appétit, pendant que l'enfant dormait, chassait les mouches avec sa trompe, et si l'enfant pleurait, le berçait aussitôt pour l'apaiser.

« Un éléphant, raconte Buffon, venait de se venger

d'un cornac en le tuant : sa femme, témoin de ce spectacle, prit ses deux enfants et les jeta aux pieds de l'animal en lui disant : Puisque tu as tué mon mari, ôte-moi la vie ainsi qu'à mes deux enfants. L'éléphant s'arrêta court, s'adoucit, et, comme s'il eût été touché de repentir, prit avec sa trompe le plus grand de ces enfants, le mit sur son dos, l'adopta pour son cornac et n'en voulut jamais souffrir d'autre. »

Ce fait prouve qu'il faut traiter cet animal avec beaucoup de ménagements. Si les chevaux, et surtout les ânes, avaient le pouvoir de se venger, comme l'éléphant, les brutes de conducteurs qui les chargent outre mesure et qui les frappent sans raison, y regarderaient à deux fois avant de les maltraiter. Les éléphants n'ont que faire de la loi protectrice des animaux, en usage depuis quelques années dans nos pays, ils savent parfaitement se protéger eux-mêmes, aussi leurs cornacs les conduisent-ils avec une extrême douceur.

En Abyssinie, les gens qui chassent l'éléphant demeurent constamment dans les bois.

Voici de quelle manière ils procèdent :

Deux hommes montent à cheval, entièrement nus, de peur d'être accrochés par leurs vêtements ; le premier tient un bâton court d'une main et de l'autre la bride de son cheval, qu'il gouverne avec beaucoup d'attention ; derrière lui se trouve son compagnon, armé d'un cimeterre toujours hors du fourreau. A la rencontre d'un éléphant, le cavalier s'approche et le provoque par ses paroles et ses gestes. L'éléphant, furieux d'entendre le bruit qui se fait devant lui, cherche à s'emparer du chasseur avec sa trompe et suit les tours et les détours

que celui-ci fait faire à son cheval. Dans un moment
donné, le cavalier s'arrête devant l'animal et semble
vouloir l'attaquer; l'homme qui est en croupe se glisse
derrière l'éléphant et le frappe d'un coup de son sabre
au-dessus du talon; c'est l'instant critique; il faut que
le cavalier enlève son compagnon avec promptitude,
sans quoi le malheureux serait broyé sous les pieds, ou
mutilé par la trompe du pachyderme : les chasseurs
étant hors de portée, harcèlent la bête qui ne peut plus
marcher et qui ne tarde pas à succomber sous la pique
de ses ennemis.

Dans l'Inde, on s'empare des éléphants sauvages à
l'aide d'éléphants privés. On établit des enceintes de
pieux énormes fixés dans le sol, reliés entre eux par des
branches d'arbre et soutenus par des arcs-boutants
très-solides. Autour de chaque enceinte, on creuse des
fossés larges et profonds. Ces préparatifs achevés, il ne
reste plus qu'à faire entrer les éléphants sauvages dans
ces enceintes. A cet effet, on dirige des éléphants privés
vers leurs frères des jungles; ceux-ci ne se doutant de
rien, ne tardent pas à suivre les nouveaux arrivants
qui les conduisent dans la première enceinte et se
retirent. Dès que le troupeau est entré, les chasseurs
ferment les portes et, par leurs cris et les feux qu'ils
allument, obligent les captifs à pénétrer successivement
jusque dans la dernière enceinte qui est la plus solide.
Les éléphants, se voyant pris au piége, poussent des
hurlements affreux, se précipitent du côté des fossés
pour en briser les palissades; quand ils s'aperçoivent
que leurs efforts sont inutiles, ils prennent un air pensif
et semblent méditer de nouveaux moyens d'évasion.

Lorsque les prisonniers sont restés plusieurs jours dans cette forteresse, on ouvre la porte et on détermine un éléphant à y passer en lui jetant de la nourriture; aussitôt que l'animal a dépassé la porte, il est garrotté et conduit de force à sa destination par des femelles privées, assistées des chasseurs.

Chaque éléphant ainsi amené à destination, est mis sous la surveillance d'un homme chargé de le soigner et de l'instruire. Au bout de quelques semaines, l'animal commence à reconnaître son gardien et à lui obéir; la bête sauvage devient peu à peu. si familière, que le cornac n'a plus qu'à lui apprendre les divers services qu'on exige d'elle et à la conduire d'un lieu à un autre.

LE RHINOCÉROS.

Le rhinocéros est le plus puissant des quadrupèdes, après l'éléphant; il en approche par le volume et la masse, mais en diffère beaucoup par les facultés naturelles et l'intelligence. Privé de toute sensibilité dans la peau, manquant de mains et d'organes distincts pour le sens du toucher, n'ayant au lieu de trompe qu'une lèvre mobile dans laquelle consiste tous ses moyens d'adresse, il n'est guère supérieur aux autres animaux que par la force, la taille, et l'arme offensive qu'il porte sur le nez, et qui n'appartient qu'à lui; cette arme est une corne très-dure, solide dans toute sa longueur et placée plus avantageusement que celles des animaux : cette corne a quelquefois cinquante centimètres de longueur; elle est disposée de telle sorte, quelle peut faire les blessures les plus profondes; aussi le tigre, le

lion et autres grands carnassiers, s'exposent-ils rarement à attaquer cet animal qui peut les éventrer d'un
seul coup de son arme redoutable.

Le corps et les membres du rhinocéros sont défen-
dus par une peau noirâtre, couverte de tubérosités et

si dure, en certains endroits, qu'elle résiste aux épines
les plus aiguës.

Le rhinocéros est d'un caractère farouche; quand on
l'attaque, il devient dangereux et cruel. Malgré sa mas-
sive corpulence, il court avec beaucoup de rapidité ;
grâce à sa force, à l'impénétrabilité de sa peau, et à la
dureté de sa corne, il renverse tous les obstacles et fait
plier les petits arbres qu'il rencontre sur son chemin.

comme de simples baguettes. Ce quadrupède, dans sa manière de se nourrir et dans ses habitudes générales, ressemble à l'éléphant; il habite, comme ce dernier, des lieux ombreux, situés à proximité des eaux et au milieu des forêts; mais il imite le cochon en se vautrant dans la fange.

Le rhinocéros habite l'Inde et l'intérieur de l'Afrique. Sa nourriture consiste en chardons, en herbages grossiers, en racines, en feuillage de divers arbrisseaux. Sa corne, sa peau, sa chair et même ses os sont très-estimés des Indiens. Ce quadrupède est sauvage et non sanguinaire; il n'attaque pas l'homme et ne devient méchant que pour se défendre; il est susceptible d'éducation et d'une certaine reconnaissance; toutefois on ne cherche pas à le réduire à l'état domestique, parce qu'il est incapable de rendre aucun service.

On prétend que la peau du rhinocéros, qui forme des plis nombreux sur son corps et des plaques assez semblables à des pièces d'armures, peut se dilater lorsque l'animal broute les plantes qui croissent sur le bord des fleuves, et qu'il s'enfonce dans les marécages par le poids de son corps; il aurait, dit-on, la faculté de se gonfler comme une balle élastique et se sauver ainsi d'une mort certaine. Ce fait, attesté par plusieurs voyageurs qui ont exploré l'intérieur de l'Afrique, n'a point encore été confirmé par les zoologistes, mais il n'a rien d'anormal. D'ailleurs, peut-on s'étonner de quelque chose en présence des étrangetés qu'on rencontre à chaque pas dans la nature?

La chasse du rhinocéros se fait à peu près de la même manière que celle de l'éléphant, mais elle offre beaucoup moins de danger, parce que cet animal a les yeux placés de telle façon qu'il ne peut voir que ce qui est devant lui : jamais il n'échappe au chasseur quand il se trouve dans une plaine assez longue pour qu'un cheval ait le temps de le devancer. Lorsqu'il est attaqué, il s'arrête un instant, puis, prenant son élan, il se précipite droit sur l'ennemi, comme le sanglier, auquel il ressemble beaucoup dans la manière de diriger ses mouvements; le cheval l'évite avec facilité, en sautant de côté; l'homme nu qui est en croupe derrière le chasseur, se glisse à terre, et, tandis que le rhinocéros cherche le cavalier, l'homme frappe l'animal au tendon du talon et le met hors de combat.

Lorsque le rhinocéros veut éviter la lutte, il fait preuve d'une agilité surprenante, vu la grosseur de son corps et la petitesse de ses jambes : il a une espèce de trot qui, au bout d'un instant, acquiert une grande célérité et lui fait faire beaucoup de chemin en peu de temps; néanmoins un cheval peut l'atteindre sans beaucoup de difficulté; c'est pourquoi, lorsqu'il est poursuivi, il passe d'un bois à un autre et s'enfonce dans les parties les plus fourrées des forêts, où personne ne peut le suivre.

Le rhinocéros a besoin d'une grande quantité de nourriture et d'un volume d'eau considérable.

Quoiqu'il n'ait point à redouter un grand nombre d'ennemis, cet animal n'abonde ni dans l'Inde ni dans l'intérieur de l'Afrique.

LE RHINOCÉROS A DOUBLE CORNE diffère du précédent par les deux cornes qu'il porte sur son chanfrein. L'une de ces cornes plus petite que l'autre est placée au-dessus

Les Animaux sauvages.

d'elle. La peau de cet animal est unie comparativement à celle de son congénère et ressemble à une cuirasse. Cette espèce habite les contrées marécageuses de l'Inde.

L'HIPPOPOTAME.

Cet animal, presque aussi gros que le rhinocéros, est beaucoup plus court de jambes; son ventre touche presque la terre : c'est le plus monstrueux et le plus informe des quadrupèdes. Sa tête énorme et carrée, terminée par un mufle renflé deux fois plus large que le crâne, ses petits yeux protubérants, ses oreilles droites et courtes comme des cornets, et surtout l'effrayante dimension de sa gueule, en font un des êtres les plus hideux de la création. A voir cette lourde masse et ces petites jambes, on dirait que l'animal ne peut que se traîner; il n'en est rien : L'hippopotame, sans avoir la marche rapide, se dérobe assez vite à ses ennemis. Sur terre, il est assez timide et semble toujours inquiet; à la moindre alarme, il se jette à l'eau, descend jusqu'au fond et y marche avec beaucoup de facilité. Comme il a besoin de respirer, il revient à la surface, met son large mufle hors de l'eau, et se laisse de nouveau couler à fond.

L'eau semble être son élément de prédilection. Il peut y faire de très-longs séjours et y passer la moitié de sa vie.

Cet animal n'est point agressif. Sa nourriture consiste en plantes aquatiques et en herbages qu'il broute comme la vache et qu'il va chercher loin de la rivière aussitôt qu'il fait nuit. Quand il est dans le voisinage

des plantations, il y cause de grands dégâts, autant par
son appétit formidable que par la pesanteur de son
corps.

Les Cafres de l'Afrique méridionale, s'emparent
quelquefois de ces quadrupèdes et les faisant tomber

dans des fosses creusées sur leur passage; mais leur
marche, quand ils ne sont pas inquiétés, est si lente,
ils prennent tant de précautions avant de poser le pied,
qu'ils éventent presque toujours les piéges.

La meilleure manière de chasser l'hippopotame, consiste à l'épier le soir, alors qu'il va à la maraude, et de
lui couper le jarret comme on fait à l'éléphant et au
rhinocéros. Lorsqu'il est dans l'eau et blessé, l'hippopotame devient extrêmement dangereux : il soulève les

canots avec violence, les renverse, les brise avec ses
dents ; il frappe et assomme ses ennemis avec ses pieds
de devant et les écrase du poids de son corps. Quand il
n'est point tourmenté, il se montre assez pacifique et
fuit toujours devant le danger.

On prétend que les Égyptiens ont un singulier moyen
de détruire cet animal : ils répandent des sacs de pois
secs dans les endroits qu'il fréquente ; lorsque l'hippopotame vient à terre, il mange ces pois avec avidité ;
cette nourriture lui causant une soif dévorante, il court
l'étancher et boit une telle quantité d'eau que les pois
se gonflent dans son estomac et l'étouffent. Nous pen-
sons qu'on ne doit accepter ce récit qu'avec circonspection, attendu que les animaux sont doués d'un instinct merveilleux en ce qui concerne leurs aliments :
ils savent parfaitement reconnaître la nourriture qui
leur est propre, en mesurer la quantité, et éviter ce qui
est vénéneux ou nuisible.

La chair de l'hippopotame est très-appréciée des
Hottentots : ils la mangent bouillie ou rôtie ; la langue
est le morceau le plus délicat de la bête et on la sert au
Cap comme un mets recherché : les parties grasses et
gélatineuses qui tapissent les parois de son ventre,
offrent également un excellent manger. La peau de
l'hippopotame, qui est extrêmement épaisse, est pré-
férée à celle du rhinocéros à cause de sa flexibilité ; ses
dents sont fort estimées et d'un ivoire supérieur à celui
des défenses d'éléphant.

L'hippopotame peut s'apprivoiser. Comme il n'est
d'aucune utilité domestique et qu'il coûterait trop cher
à nourrir, on ne cherche pas à l'élever.

Il habite les fleuves et les marécages de l'Afrique.

Autrefois ces animaux abondaient dans les parages voisins du Cap ; ils ont été tellement poursuivis, qu'ils se sont retirés dans l'intérieur du pays et le plus loin possible de l'homme, son ennemi le plus acharné.

LE TAPIR.

Le tapir habite le nouveau monde et l'Inde.

Sa forme générale rappelle celle du cochon ; il est gros comme une génisse et sa couleur est d'un brun marron. Son nez est la partie la plus remarquable de sa personne. Ce nez, long et effilé, dépasse de beaucoup la mâchoire inférieure et forme une espèce de trompe qui peut s'allonger et se raccourcir : il a les oreilles étroites, les jambes grosses et la queue déliée.

Cet animal, quoique très-sauvage, est d'un caractère pacifique; il habite les endroits les plus écartés, les bois solitaires, et fuit à la moindre apparence de danger. Sa nourriture principale consiste en herbages, en cannes à sucre et en fruits de diverses espèces. Il ne s'éloigne jamais des fleuves et des marais. Lorsqu'il est poursuivi, il se précipite à la nage, plonge avec autant de facilité que l'hippopotame et peut rester, comme lui, fort longtemps au fond de l'eau. Lorsque rien ne l'inquiète, on le voit folâtrer et se vautrer dans la fange. Il a les mêmes mœurs que l'hippopotame, et cherche sa nourriture pendant la nuit, comme ce dernier.

Les tapirs sont répandus dans les vastes contrées arrosées par le fleuve des Amazones.

Cet animal, fuyant la présence de l'homme, il faut l'aller chercher fort loin dans l'intérieur des forêts marécageuses, si nombreuses en ces contrées. Quoique sa chair ne soit pas d'une extrême délicatesse, les indigènes le chassent avec passion.

GENRE COCHON.

LE SANGLIER.

C'est du sanglier que proviennent toutes les variétés du cochon : il est à peu près de la même taille que le cochon domestique; il en diffère par la couleur de sa peau qui est toujours d'un gris noir, par la longueur de son museau et par ses mâchoires qui sont armées, en haut et en bas, de défenses courtes et solides : c'est avec ces défenses que l'animal fouille la terre pour y chercher les racines dont il fait sa nourriture; il s'en sert aussi pour se défendre contre ses ennemis.

Les sangliers habitent l'intérieur des forêts dans presque toutes les parties de l'Europe, de l'Asie et du nord de l'Afrique. Ils vivent, non pas en bandes, mais en famille. Pendant les trois premières années, les petits ne quittent pas leur mère et se prêtent un mutuel secours ; lorsqu'ils sont attaqués, les plus robustes forment un cercle, tiennent tête au danger et protégent les plus faibles.

Quand le sanglier a atteint toute sa croissance, il se retire dans les plus épais fourrés et vit solitairement.

Le sanglier n'est point agressif : il ne cherche pas le danger et ne paraît pas non plus le redouter; lorsqu'il est traqué, il fait face à l'ennemi et se défend avec énergie. On sait que la conquête de cet animal est un des plaisirs favoris des chasseurs de notre pays, et que plus d'un Nemrod a fait connaissance avec les crocs de ce farouche quadrupède.

LE COCHON.

Le proverbe dit : Les avares, comme les cochons, ne font de bien qu'après leur mort. Ce proverbe peut être vrai appliqué à l'avare, mais il est calomnieux à l'endroit du cochon. Cet animal, grâce à sa gloutonnerie, nous débarrasse de toutes les immondices, de tous les détritus, dont la décomposition infecterait l'atmosphère :

de même que le vautour, le chacal, le rat, les larves d'insectes, etc., le cochon est un des nettoyeurs de la nature : Il mange indifféremment des légumes, des fruits, de la viande cuite ou crue, et ne recule pas devant la chair putride. Il nous rend aussi l'immense service de nous délivrer des serpents venimeux qu'il croque à belles dents, sans redouter le moins du monde

leurs morsures si fatales aux autres animaux. C'est encore le cochon qui découvre le précieux tubercule appelé truffe, si cher aux gourmands ; enfin, le cochon est utilisé dans certaines contrées comme bête de trait : il n'est pas rare de voir dans l'île de Minorque, un cochon, une truie et deux chevaux attelés à la même charrue.

Ce que nous venons de dire en parlant de la solidarité des jeunes sangliers, s'applique surtout aux cochons ; aucun animal n'a plus de sympathie pour les êtres de son espèce ; aussitôt qu'un cochon donne le signal en poussant des cris de détresse, on voit accourir toute la bande : malheur au chien inexpérimenté qu attaque un cochon dans un troupeau ; il se voit entouré, assailli et déchiré en moins d'un instant. Les bergers qui font paître les cochons, les laissent s'écarter au loin et même s'égarer dans les bois ; quand ils veulent réunir le troupeau, ils s'emparent d'un petit cochon et lui tirent les oreilles ; les cris de la jeune bête ne manquent jamais leur effet : tous les cochons composant la compagnie, accourent avec la plus grande vitesse, et les bergers n'ont plus qu'à les rentrer au logis.

Ces réserves faites et ses qualités reconnues, on peut dire que le cochon est un animal vorace, brutal et stupide ; il ne reconnaît pas la main qui le nourrit, et ne semble vivre que pour manger ; il dévore tout ce qui lui tombe sous la dent et ne se ferait aucun scrupule de croquer les enfants nouveau-nés, s'il en trouvait sur son passage, ou s'il pouvait atteindre leur berceau.

Après sa mort, le cochon offre une précieuse ressource aux pauvres gens de presque tous les pays ; sa chair est très-nourrissante, et les bandes de lard qu'il fournit peuvent se conserver pendant fort longtemps dans le sel ; avec ses intestins on fait des andouillettes ; son sang, mélangé avec d'autres substances, produit le boudin ; avec sa hure on fait d'excellents pâtés, et ses côtelettes, rôties sur le gril, ne sont pas sans mérite.

Ses poils sont employés à la fabrication de brosses ; sa peau sert à couvrir des malles, et à confectionner certaines espèces de cribles ; ses sabots enfin, sont uti-

lisés par l'industrie, qui en retire de la gélatine et de la
colle forte.

LE PECCARI.

Il existe des cochons dans presque tous les pays du
monde, mais certaines espèces sont tellement différentes
du cochon domestique, qu'elles forment un genre particulier : dans ce nombre on doit ranger le peccari, autrement appelé COCHON DU MEXIQUE.

A première vue, on le prendrait pour un petit cochon noir; en l'examinant plus attentivement, on remarque de notables différences : le peccari n'est point
aussi épais que le cochon; ses soies sont plus fortes,
et il n'atteint jamais la taille de ses frères d'Europe.
Une particularité qui l'en distingue plus encore, c'est
la glande placée sur son dos, glande qui sécrète une
liqueur abondante et fortement musquée.

Les peccaris vivent en troupe nombreuse dans les
forêts du Mexique. Quand on ne les attaque pas, ils
sont inoffensifs et fuient la présence de l'homme; mais
si on s'empare de leurs petits, ils deviennent furieux,
et, à l'exemple du cochon d'Europe, unissent leurs
efforts pour se venger du ravisseur; si celui-ci est assez
heureux pour échapper à leur colère en grimpant sur
un arbre, ils se rassemblent autour de cet arbre et cherchent à le déraciner, en fouillant autour des racines : on
a vu des chasseurs rester ainsi bloqués pendant des
journées entières, sans lasser la patience et la fureur
de ces animaux.

On peut apprivoiser le peccari et le réduire à la

domesticité comme le cochon ordinaire; il garde toujours, ainsi que les autres individus de sa parenté, un
caractère grossier et sauvage; il est incapable de reconnaître son maître, ne donne aucune marque d'attachement à personne, et ne montre de docilité que lorsqu'il s'agit de sa nourriture.

LE BABIROUSSA.

Le babiroussa, ou COCHON-CERF, habite les îles de
l'archipel indien et se trouve dans quelques parties de
l'Asie et de l'Afrique.

Cet animal diffère des autres individus de la race
porcine : ses jambes sont beaucoup plus hautes; son
cou moins gros, sa queue plus longue et plus touffue à
son extrémité; au lieu de soies rudes et grossières, sa
peau est recouverte d'un poil court et soyeux. Le museau
est armé de quatre grandes défenses dont les plus
fortes, soudées à la mâchoire inférieure, se relèvent et
s'éloignent à plus de vingt centimètres de leurs alvéoles; deux autres défenses sortent comme des cornes
de la mâchoire supérieure et s'étendent, en se recour-
bant, au-dessus des yeux.

Ces animaux, malgré leurs défenses formidables, ne
sont pas dangereux. Ils vivent de fruits et de racines et
s'abritent dans les parties les plus solitaires des forêts.
Ils nagent assez facilement et se vautrent dans la fange,
de même que les autres membres de la famille. Leurs
allures sont plus vives que celles du sanglier et ils se
dérobent facilement à la poursuite des chasseurs : lorsqu'ils sont serrés de trop près par les chiens, ils leur

font tête, se précipitent sur eux et les déchirent avec les défenses de leur mâchoire inférieure.

Le babiroussa se réduit facilement à la domesticité. Sa chair n'est point mauvaise, mais très-prompte à se corrompre.

LE PHASCOCHOERE.

Le phascochœre, ou COCHON D'ÉTHIOPIE, ressemble au sanglier par sa forme générale; il en diffère par deux loupes semi-circulaires, placées au-dessus de ses yeux : son groin est aussi beaucoup plus large.

Cet animal est d'un naturel farouche; il habite des tanières qu'il se creuse avec son groin et ses sabots : quand il est attaqué, il se jette avec fureur sur son adversaire et le frappe avec ses défenses qui peuvent faire de terribles blessures.

Le phascochœre se trouve dans les contrées les plus chaudes et les plus incultes de l'Afrique. Les habitants de ces pays s'écartent avec soin de sa retraite, car cet animal est agressif et s'élance sur tous ceux qui passent auprès de lui.

GENRE CHEVAL.

LE CHEVAL.

On trouve le cheval domestique dans presque toutes les parties du monde.

C'est en Arabie, et dans la région septentrionale de l'Afrique, que se rencontrent les types les plus parfaits et ceux dont l'éducation est la plus complète.

Le cheval est aussi cher à l'Arabe que ses propres enfants; il vit sous le même toit et le traite avec une

douceur qui le rend docile et familier. L'Arabe, sa
femme et ses enfants couchent tous pêle-mêle ; on voit
les petits enfants sur le corps de la jument et du poulain sans que ces animaux les blessent ou les incom-
modent ; on dirait qu'ils n'osent remuer de peur de leur
faire du mal.

Les chevaux vivent à l'état de liberté en Arabie,

dans l'Ukraine et la Tartarie. Ceux qui sont en Amérique ont été importés et sont d'origine espagnole. Ils y
sont devenus si nombreux qu'on les rencontre quelquefois par troupe de dix mille. On trouve aussi des chevaux sauvages dans les déserts d'Afrique.

Au Mexique, lorsque l'on veut s'emparer de quelques-uns de ces quadrupèdes et les réduire à l'état

domestique, un certain nombre de cavaliers les poursuivent et leur lancent en courant une longue lanière de
cuir, appelée *lasso*, qui s'enroule autour des jambes de
l'animal et l'empêche de fuir.

Lorsqu'ils sont domptés et apprivoisés, il faut les
surveiller de près, sans quoi, ils iraient bientôt rejoindre leurs compagnons sauvages.

Les petits chevaux de Norwége, sont d'un naturel
très-fougueux, ils bondissent par-dessus les pierres et
se laissent glisser sur les pentes rapides. Ils montrent
beaucoup de courage à lutter contre les loups et les
ours qui abondent dans ces pays : lorsqu'un étalon
voit venir un ours, et qu'il se trouve avec une jument
et un poulain, il les place derrière lui ; puis il attaque
son ennemi avec ses pieds de devant, dont il se sert si
adroitement, qu'il sort presque toujours victorieux du
combat ; s'il cherche à le frapper de ses pieds de derrière, il est perdu : l'ours se jette sur lui et se cramponne avec tant de force, que le cheval ne peut s'en
débarrasser ; alors le pauvre animal, après avoir bondi
et couru de toute sa vitesse, tombe bientôt épuisé et
sanglant.

Le cheval est une des plus belles conquêtes de
l'homme. C'est grâce à cet auxiliaire qu'il a pu se
rendre maître d'une foule d'autres animaux.

Nous sommes journellement à même d'apprécier les
services de cet utile quadrupède, et nos jeunes lecteurs
ont pu maintes fois juger de son intelligence, en le
voyant manœuvrer dans les cirques ou opérer des évolutions militaires.

L'ANE.

Si un animal peut à bon droit se plaindre de l'injus-
tice et de la brutalité des hommes, c'est bien celui-là :
l'âne est maltraité sans raison, surmené et surchargé

d'une façon barbare; on ne lui épargne ni l'injure, ni
les coups, et pourtant aucun animal domestique ne possède autant de vertus et ne rend plus de services.

L'âne, dit Buffon, est de son naturel aussi humble,
aussi patient, aussi tranquille que le cheval est fier,
ardent, impétueux. Il souffre avec constance, peut-
être avec courage, les châtiments et les coups; il est

sobre sur la quantité et la qualité de la nourriture;
il se contente des herbes les plus dures et les plus
désagréables, que le cheval et les autres animaux
dédaignent; il est fort délicat sur l'eau et ne veut boire
que de la plus claire et aux ruisseaux qui lui sont connus; il boit aussi sobrement qu'il mange. Comme on ne
prend point la peine de l'étriller, il se roule souvent
sur le gazon, sans se soucier beaucoup de ce qu'on
lui fait porter, et semble par là reprocher à son maître
le peu de soin qu'on prend de lui; il ne se vautre pas
comme le cheval dans la fange et dans l'eau; il craint
même de se mouiller les pieds et se détourne pour éviter la boue; aussi a-t-il les jambes plus sèches et plus
nettes que le cheval.

Ce quadrupède, dans l'état sauvage, habite les déserts de la Tartarie, les parties méridionales de l'Inde,
de la Perse et certaines contrées de l'Afrique; il est
alors d'une vivacité singulière et ne ressemble en rien à
l'âne domestique.

L'âne a été importé en Amérique par les Espagnols,
et ce pays semble si bien lui convenir, que ceux qu'on
a laissés libres se sont multipliés à ce point qu'on est
obligé de leur faire la chasse. Dans quelques cantons du
Pérou, les propriétaires permettent, à qui le désire, de
chasser les ânes sauvages sur leurs terres; à cet effet,
on assemble beaucoup d'Indiens à pied et à cheval, afin
de traquer le troupeau d'ânes et de le resserrer dans un
vallon. Ces animaux se défendent très-courageusement
des pieds et des dents et font quelquefois payer cher
leur conquête; mais aussitôt qu'il ont la première
charge sur le dos, ils deviennent dociles et quittent

l'air farouche pour prendre l'extérieur tranquille et lourd qu'on leur connaît.

Les ânes sauvages ne souffrent point qu'un cheval mette le pied dans les champs où ils pâturent : s'il en paraît quelqu'un, ils le poursuivent, le mordent et souvent lui ôtent la vie.

Ces animaux possèdent toute la vitesse du cheval, et il n'y a ni ravins ni précipices capables de les arrêter dans leur course. On les voit gravir d'un pas sûr les montagnes escarpées, contourner des précipices effrayants, et suivre des chemins jugés impraticables. Ils ont la conscience du danger, car ils prennent beaucoup de précautions pour éviter les obstacles. Quand ils sont arrivés sur le penchant d'un précipice, ils s'arrêtent et mesurent les distances; lorsque l'abîme est impossible à franchir, ils font entendre un braiement plaintif et soufflent bruyamment; s'ils jugent la descente praticable, ils observent les sinuosités du terrain, serrent leurs pieds de derrière en les ramenant sous le ventre, et se laissent glisser avec une rapidité vertigineuse. Le cavalier n'a qu'à bien se tenir en selle et lâcher la bride, car le moindre mouvement pourrait faire perdre l'équilibre à la monture, et l'homme et la bête rouleraient dans l'abîme.

L'adresse de ces quadrupèdes, dans une descente aussi rapide et où ils semblent avoir perdu tout moyen de se gouverner, est vraiment surprenante : ils suivent les détours, les sinuosités des chemins, comme s'ils les connaissaient d'avance, et savent contourner les obstacles avec une merveilleuse habileté.

C'est en Égypte et en Arabie que les ânes sont le

plus appréciés et le mieux soignés. Tout le monde, au Caire, monte les ânes : les voitures étant assez rares dans cette ville, les femmes de plus haute condition n'ont point d'autre équipage. On trouve des ânes sellés et bridés à différentes stations ; ils se louent à l'heure et à la journée, comme nos voitures de place.

LE ZÈBRE.

Le zèbre tient le miliéu entre le cheval et l'âne. Il est moins grand que le premier et beaucoup plus élégant de forme que le second ; ses jambes sont fines et délicates, et sa robe est de toute beauté : sur le fond blanc de sa peau se dessinent de larges bandes noires, qui rappellent le pelage du tigre et qui, par leurs capricieuses sinuosités, produisent le plus charmant effet. Les zèbres habitent les parties méridionales de l'Afrique où ils vivent en troupe nombreuse. Ils ont absolument les mœurs et les allures des chevaux sauvages, mais point le caractère : le cheval subit la domination de l'homme, le zèbre la repousse. Tous les efforts qui ont été tentés jusqu'à présent pour le réduire à la domesticité, ont été infructueux. La captivité, qui a une si grande influence sur le caractère de presque tous les animaux, ne parvient pas à vaincre son indocilité : il reconnaît son gardien, supporte ses caresses, les sollicite même ; mais, dès qu'on veut le contraindre, son caractère irascible et farouche reprend bientôt le dessus, et il cherche à mordre et à frapper.

La chair du zèbre est recherchée par les Cafres et autres habitants de l'Afrique ; c'est le mets favori du lion.

8

VIII. — LES RUMINANTS.

On appelle ruminants les animaux qui ont quatre estomacs et qui, après avoir avalé leurs aliments, les ramènent dans la bouche pour les mâcher de nouveau. Cet ordre compte des sujets nombreux, parmi lesquels se trouvent beaucoup d'espèces domestiques.

RUMINANTS A. CORNES.

GENRE BOEUF.

LE BŒUF.

Cet utile quadrupède ne se rencontre plus guère à

l'état sauvage que dans certaines contrées de l'Asie et dans les forêts marécageuses de la Pologne ; en revanche, il n'est aucun animal domestique plus répandu sur la terre. On connaît les mœurs et les services de cette bonne bête ; on sait qu'aucune partie de son corps n'est inutile ; que sa peau sert à la fabrication des chaussures et autres usages ; que ses cornes sont employées par l'industrie de la tabletterie ; que ses pieds fournissent une excellente huile à graisser ; que sa chair nous procure une nourriture saine et fortifiante ; qu'enfin, la femelle, appelée vache, donne un lait savoureux, avec lequel on fait du beurre et du fromage.

L'AUROCHS.

L'aurochs est le plus grand des quadrupèdes d'Europe. Il se distingue du bœuf domestique par son front bombé, plus large que haut, par ses cornes qui sont placées beaucoup plus bas, par une crinière laineuse qui, chez le mâle, couvre la tête et le cou et se prolonge en dessous comme une barbe.

Cet animal habitait autrefois toutes les contrées de l'Europe tempérée ; aujourd'hui, la race en est presque détruite, et l'on ne trouve plus que de rares individus réfugiés dans les forêts des Krapacks, du Caucase, et dans les marécages de Lithuanie.

LE BUFFLE.

Le buffle est une variété de bœuf. Cet animal, originaire de l'Inde, a été naturalisé dans les parties méridionales de l'Europe, telles que la Grèce, l'Italie, la Sicile, etc. ; on le trouve aussi en Afrique : ils sont très-communs dans les environs du Cap.

Le buffle nage avec une grande facilité et plonge quelquefois à trois ou quatre mètres de profondeur, afin d'aller chercher certaines plantes aquatiques dont il se montre friand. Il aime à se traîner dans la fange pour se délivrer de plusieurs insectes qui s'attachent à sa peau.

La servitude a singulièrement modifié le caractère de ces animaux : sans montrer la patience et la docilité du bœuf, ils supportent le joug et obéissent à l'aiguillon.

Dans l'état sauvage, le buffle est redoutable par son irascibilité et son caractère perfide. On le voit souvent se cacher dans les bois et attendre l'approche de quelques malheureux passagers, sur lesquels il se précipite avec fureur et qu'il tue sans aucun motif. Non content d'avoir satisfait sa colère, il piétine sa victime avec ses sabots, la foule avec ses genoux, et reste longtemps sur son corps : se complaisant dans sa barbarie, il s'éloigne de temps en temps du cadavre, et revient avec une férocité nouvelle se ruer sur son corps.

Les Cafres chassent le buffle avec de simples javelots. Comme ces animaux fondent droit devant eux avec une extrême impétuosité et sans se détourner, les chasseurs profitent de cette circonstance pour se glisser de côté et lui couper le jarret, ou pour lui plonger leur javelot au défaut de l'épaule.

La chair du buffle est très-bonne à manger, surtout celle des jeunes sujets ; les Hottentots la découpent en tranches, la fument et la font griller sur du charbon. Les parties les plus précieuses de l'animal sont ses cornes et sa peau.

LE BISON.

Le bison ressemble beaucoup à l'aurochs. Il a les parties supérieures de son corps extrêmement fortes et ramassées; celles du train de derrière sont comparative-

ment plus faibles; sa tête est munie de cornes rondes et courtes dont la pointe est tournée en dehors; il porte sur les épaules une protubérance aussi considérable que celle du chameau, et une longue crinière onduleuse qui se termine en pointe et semble lui former une barbe sous le menton. Son œil exprime la férocité et décèle son naturel irascible et brutal.

8.

Les bisons vivent en nombreux troupeaux dans les savanes d'Amérique. La chasse de ces animaux est presque l'unique occupation des tribus sauvages qui connaissent les habitudes de ces quadrupèdes et savent éviter leurs formidables coups. Pour donner une idée de la force du bison, il suffira de dire qu'en fuyant à travers les bois, il abat des arbres de la grosseur de la jambe d'un homme.

On a maintes fois essayé de réduire le bison à l'état domestique, en l'apprivoisant jeune et en le mêlant avec les bœufs de l'espèce ordinaire; toutes les tentatives de ce genre ont échoué : aussitôt que le bison prend de l'âge, il devient intraitable, se révolte contre son maître, et brise les clôtures les plus solides.

Les bisons montrent beaucoup de sagacité à se défendre contre les loups ; lorsqu'ils ont éventé une bande de ces bêtes féroces, leur troupeau forme un cercle au milieu duquel sont placés les femelles et leurs petits ; les mâles, serrés les uns contre les autres, présentent leurs cornes à l'ennemi. Cette tactique n'est pas particulière aux bisons : toute l'espèce portant cornes paraît recourir aux mêmes moyens de défense.

La chasse de ce farouche quadrupède se fait sur une grande échelle. Les chasseurs montés sur des chevaux dressés à cet usage, luttent de vitesse avec le bison qui, à certaines époques de l'année, est si gras et si puissant qu'on peut facilement l'atteindre ; aussitôt que les chasseurs l'ont rejoint, ils lui portent un coup au-dessus du jarret, ainsi que cela se pratique avec le gibier de grosse espèce. La chair du bison est dure et coriace, mais celle qui se trouve sur ses épaules est très-délicate.

Le bison habite les parties septentrionales de l'Amérique.

LE YACK.

Le yack, ou BŒUF A QUEUE DE CHEVAL, parait confiné dans les montagnes du Thibet. Il est d'un naturel farouche et ressemble aux buffles par le caractère.

Son corps est couvert de longs poils qui descendent jusqu'à terre ; sa queue est fournie comme celle du cheval ; il est beaucoup moins gros que le bœuf ordinaire.

Cet animal, qu'on appelle aussi vache grognante de Tartarie, a été réduit à la domesticité, malgré son naturel farouche. Les Chinois s'en servent comme de bête de somme et se nourrissent de sa chair.

LE ZÉBU.

Cet animal dont la taille est très-variable, est une espèce de bœuf bossu qui vit à l'état domestique, depuis la plus haute antiquité, chez les peuples de l'Afrique et de l'Inde. La bosse qu'il porte sur le garrot est un amas de graisse qui varie suivant l'état et la race de l'animal : quelques-unes ne sont pas plus grosses qu'une orange ; d'autres atteignent parfois un développement considérable et pèsent jusqu'à trente kilogrammes : c'est la partie la plus délicate de l'animal.

On emploie le zébu comme bête de trait et on lui fait labourer la terre et traîner des chariots.

A Madagascar on trouve des zébus qui ne portent pas de cornes ; d'autres dont les cornes semblent seulement soudées à la peau. Dans certaine espèce, les individus ne sont pas plus grands que des jeunes veaux ; en revanche, il n'est pas rare d'en rencontrer d'aussi gros que des buffles.

LE BŒUF MUSQUÉ.

Le bœuf musqué habite les contrées les plus septentrionales de l'Amérique. Cet animal est remarquable par la forme de ses cornes qui, réunies à leur base, s'étendent sur le front comme un bandeau, descendent de chaque côté de la tête jusqu'au niveau du cou et se relèvent en forme de crochets ; une autre particularité de cet animal, c'est la forte odeur de musc qui s'échappe de tout son individu.

Le bœuf musqué se plaît dans les endroits élevés et grimpe sur les rochers presque aussi bien que les chèvres.

GENRE CHÈVRE.

LA CHÈVRE.

La chèvre rend presque les mêmes services que la brebis, et en diffère beaucoup par le caractère et les habitudes. C'est un animal pétulant, hardi et d'un caractère fantasque. « L'inconstance de son naturel, dit Buffon, se marque par la légèreté de ses actions : elle marche, elle s'arrête, elle court, elle bondit, elle saute, elle s'approche, s'éloigne, se montre, se cache ou fuit comme par caprice, et sans autre chose déterminante que la vivacité bizarre de son sentiment intérieur. »

La chèvre se plaît dans les friches et dans les terrains buissonneux ; elle aime à grimper sur les montagnes

les plus escarpées; elle côtoie les précipices les plus
menaçants, et semble n'être bien que là où il y a un
danger à braver.

La chèvre, quoique attachée à son maître, ne
montre aucune docilité et n'obéit qu'à ses caprices;
elle résiste toujours quand on veut la contraindre et

ne se soumet que volontairement : c'est pourquoi il
est difficile de l'élever en nombreux troupeaux, et de
la parquer comme les moutons. Elle possède cet avan-
tage, qu'elle n'a besoin de personne pour trouver sa
pâture, et qu'elle ne coûte rien à nourrir. Dans certains pays montagneux, où tout autre animal ne pourrait vivre, la chèvre sait se procurer une nourriture
abondante. Les pauvres gens d'Irlande et d'Écosse n'ont

pour ainsi dire aucune autre ressource que les chèvres — ces pays n'offrent partout que rochers, précipices, friches et sol stérile; — les troupeaux de chèvres qui vivent avec eux dans ces solitudes, pourvoient à tous leurs besoins : ils leur donnent un lait abondant, dont ils font des fromages; une chair saine, dont ils font leur nourriture; une laine douce et longue, avec laquelle ils se confectionnent de chauds vêtements.

Il est à remarquer que les pays les plus déshérités possèdent des animaux qu'on pourrait appeler providentiels : témoins le renne des Samoyèdes, le chameau des Arabes, le lama des Péruviens, etc.

La chèvre, qui s'acclimate presque en tous lieux, procure le bien-être à beaucoup de malheureux; c'est pourquoi on lui a donné le surnom de vache du pauvre.

LE BOUQUETIN.

Le bouquetin n'est autre que le bouc sauvage.

Cet animal a le poil rude, la barbe longue; sa tête est petite et porte des cornes noueuses qui ont quelquefois un mètre de longueur. La femelle, du tiers moins forte que le mâle, porte des cornes qui dépassent rarement plus de vingt-cinq centimètres.

Ces animaux se trouvent sur les montagnes des Pyrénées, sur les pics des Alpes et sur les monts Carpathes et de la Crète. Ils vivent en troupeaux. Pendant la nuit, ils descendent des hauteurs et viennent brouter dans les bois, situés sur les collines; à l'approche du jour, ils regagnent les sommets les plus élevés et s'endorment au soleil.

La chasse du bouquetin se fait comme celle du chamois et présente encore plus de danger, en ce sens, que les chasseurs doivent escalader les rochers pendant la nuit, pour aller attendre le gibier quand il revient de paître. Le bouquetin est beaucoup moins timide que le chamois; il se sauve devant le chasseur, comme celui-ci, mais s'il est serré de trop près, il se

retourne vers son ennemi, le charge à coups de tête, et le renverse dans les précipices.

Le bouquetin, ayant les jambes de derrière plus hautes que celles de devant, monte avec plus de facilité qu'il ne descend. Il procède par bonds dans ces escalades : quand il est lancé, on croirait voir une balle élastique projetée sur les rochers.

LE MOUTON.

Avec le bœuf, le cheval, le chameau, etc., le mouton est l'animal qui rend le plus de services à l'homme; sa chair, savoureuse et fortifiante, entre pour une

grande partie dans notre alimentation, et sa précieuse toison fait presque tous les frais de notre habillement.

Le mouton est la plus inoffensive de toutes les créatures; il n'a aucun moyen de défense et semble ne pouvoir vivre que sous la protection de l'homme, qui a tout intérêt à sa conservation. Il n'est pas stupide, comme on l'a répété tant de fois, ni dépourvu de tout instinct; la domesticité, sans doute, lui a enlevé la plus grande partie de son énergie, mais il conserve une espèce de méfiance qui prouve qu'il a le sentiment du danger.

Les espèces de moutons sont fort nombreuses et se modifient suivant les pays qu'elles habitent.

Les races les plus estimées sont celles d'Angleterre et d'Espagne: les premières, à cause de l'excellence de leur chair; les secondes, pour la beauté de leur toison.

LE MOUTON D'ISLANDE diffère du mouton ordinaire par ses oreilles plus droites et par sa tête ornée de quatre cornes et quelquefois de six.

Dans plusieurs contrées de ce pays, on laisse les moutons paître en toute liberté; quand ils sont surpris par l'orage et qu'ils ne peuvent trouver d'abri dans les cavernes, ils se groupent, leurs têtes appuyées les unes contre les autres; dans cette position, ils sont moins facilement ensevelis sous la neige, et plus aisément retrouvés par leurs maîtres.

LE MOUTON DE BARBARIE, ou mouton à large queue, se fait remarquer par le développement extraordinaire de sa queue; elle est si épaisse et si large qu'elle pèse quelquefois dix kilogrammes, et que les bergers, pour la soutenir, sont obligés de la faire reposer sur des petits chariots, construits à cet effet. Cette queue est chargée d'une graisse qui a beaucoup de rapports avec la moelle. La toison du mouton de Barbarie est très-légère et très-fine; elle sert à fabriquer les châles connus sous le nom de châles de l'Inde.

Cette race de mouton se trouve dans la Perse, l'Égypte, la Syrie, la Barbarie et le Thibet.

Le Mouton Morvan, originaire d'Afrique, est plus haut de jambes que le mouton ordinaire et n'en diffère pas autrement.

Il y a encore beaucoup d'autres variétés dans l'espèce ; chaque pays, pour ainsi dire, possède la sienne.

Outre la chair, le lait, le suif, la peau que fournit le mouton, il sert encore à l'amendement des terres ; ses excréments sont un puissant engrais, et l'on dit communément que cent moutons parqués font cent ares de prés.

Dans cette race, le mâle porte le nom de bélier et la femelle celui de brebis.

LE MOUFLON.

On regarde le mouflon comme la souche primitive du mouton ; cependant, par ses formes extérieures il paraît se rapprocher plus du bouc que du bélier.

Cet animal est presque aussi grand qu'un chevreuil ; ses membres sont courts, trapus et extrêmement solides. Sa tête est ornée de longues cornes qui, chez le mâle, pèsent quelquefois huit kilogrammes. Sa toison est de couleur cendrée : celle du mouflon à manchettes, est si touffue sur la poitrine, sur le ventre et sur les jambes, qu'elle touche le sol.

Le mouflon ne se complaît que sur les hautes montagnes et sur les rochers escarpés. Sa patrie paraît être le Kamtchatka ; c'est, du moins, dans ce pays qu'on le trouve en plus grande abondance et qu'on le chasse avec le plus de vigueur. Lorsqu'il est poursuivi, il escalade les rochers et attend les chasseurs ; dès que ceux-ci paraissent, il grimpe plus haut et les attend encore ;— on dirait qu'il s'amuse à les braver et qu'il cherche à les fatiguer par une ascension pénible et périlleuse. — Cette tactique lui devient souvent funeste, car tandis qu'il regarde ses adversaires et les défie, d'autres chasseurs arrivent par derrière et le tuent à coups de flèches. Cette chasse est la passion dominante des Kamtschadales : lorsque les beaux jours sont revenus, on voit des familles entières abandonner leurs habitations pour se livrer à cette occupation. Il faut dire que la chair de mouflon est une excellente nourriture, et qu'avec sa peau, les indigènes se confectionnent des habillements chauds et résistants.

Malgré son naturel sauvage et inquiet, on apprivoise facilement cet animal.

On n'a pas besoin de le tondre, comme on fait du mouton : sa toison se détache d'elle même, et tombe tout d'une pièce, quand arrive le printemps.

GENRE CERF.

LE CERF.

Le cerf est l'hôte le plus remarquable des forêts tempérées. Ce quadrupède a des formes très-élégantes et l'œil d'une grande beauté. La tête du mâle porte des cornes appelées bois, qui tombent tous les ans et qui, à chaque saison nouvelle, s'augmentent d'une ramification de plus, jusqu'à la parfaite croissance de l'animal. Les cerfs vivent par troupe, ou plutôt par groupes, à la manière des coqs, et un seul mâle gouverne tout un troupeau de femelles.

Quand la femelle du cerf, appelée biche, a des petits, elle est obligée de prendre des précautions extrêmes pour cacher sa progéniture, parce que le mâle n'aime pas ses enfants et que tous les carnassiers sont continuellement occupés à chercher leur retraite. Elle se montre, à cette époque, douée d'un courage extraordinaire et défend ses faons contre les adversaires les plus redoutables. Lorsqu'ils sont poursuivis par des chasseurs, elle a recours à la ruse pour les sauver : elle se présente devant les chiens, se fait chasser durant des heures entières, et, quand elle a dépisté la meute, revient près de ses faons, qu'elle a préservés au péril de sa vie.

Le cerf se rencontre dans les contrées tempérées des deux mondes. Sa chair n'est pas mauvaise et ses cornes sont employées à la confection d'une foule d'objets de tabletterie.

LE DAIM.

Il n'est pas d'animal qui se rapproche le plus du cerf par sa conformation et ses habitudes ; cependant ces deux espèces ne se mêlent pas et semblent, au contraire, se fuir.

Les daims se trouvent dans les contrées tempérées : ils habitent les bois, se nourrissent d'herbes et de feuillage, comme les cerfs, et comme eux, nagent bien et longtemps.

Le daim devient tous les jours plus rare dans nos forêts et sa race finira par disparaître ; la douceur de son naturel et son extrême curiosité en sont les causes ; au lieu de fuir devant l'inconnu, il le recherche, va

pour ainsi dire au-devant du danger, et se présente de lui-même aux coups de ses ennemis : rien n'est plus facile que de le prendre au piége, et les chasseurs, autant que les animaux carnassiers, ne manquent pas d'exploiter sa candeur.

Le daim est si familier, qu'il vient manger dans la main de qui lui présente un peu d'herbage.

LE CHEVREUIL.

Le chevreuil est moins grand que le cerf, mais il est plus léger de formes, plus vif et plus gracieux dans ses allures ; sa tête est plus fine, son œil plus expressif.

La robe du chevreuil est toujours d'une extrême propreté : il se garde de toute souillure et ne fait pas comme le cerf qui se roule dans la fange. Loin d'imiter les habitudes de ce roi des forêts, auquel il faut toujours une nombreuse société, les chevreuils ne vont que par couple, et le mâle, à l'égal de la femelle, témoigne une extrême tendresse à ses petits.

On trouve ce joli animal dans toutes les contrées tempérées. Comme sa chair est excellente, on lui fait une guerre à outrance, et les hommes, encore plus que les bêtes, se montrent acharnés à sa poursuite.

LE RENNE.

Le renne est au Lapon ce que le chameau est à l'Arabe. Il ne serait pas plus possible au premier de franchir les plaines de neiges, sans le secours du renne, qu'au second de traverser les déserts de sables, sans l'assistance du chameau.

Le renne est une espèce de cerf très-vigoureux qui remplace chez l'habitant de l'extrême nord, le cheval, la vache et le mouton. On peut dire qu'il constitue son unique richesse : son lait lui procure un breuvage agréable ; sa chair, une nourriture substantielle ; sa peau, des couvertures et des vêtements. Pendant l'hiver,

le renne lui tient lieu de cheval; il l'attelle à des traîneaux et se fait transporter sur la neige durcie avec une
étonnante rapidité.

Soumis à la voix du Lapon, ce docile animal obéit

à son maître et ne lui refuse jamais ses services.

Les rennes vivent par bandes et se nourrissent de
toutes sortes de plantes. Durant l'hiver, lorsque la
neige couvre le sol, ils savent découvrir une espèce de
mousse qu'ils déterrent avec leurs sabots; ils mangent

aussi les lichens qui poussent après les troncs de pins.
Ces animaux portent sur la tête des cornes ramées
et volumineuses ; les femelles en sont munies comme
les mâles. Ces cornes tombent tous les ans et repoussent comme des branches d'arbre.

Une paire de rennes, attelée au traîneau, peut faire
un trajet de cent kilomètres en un jour. Il faut dire
que les traîneaux de Laponie sont fort légers, et que leur
forme de bateau en rend le tirage facile.

Les Samoyèdes font souvent la chasse aux rennes
sauvages avec l'aide des rennes privés. Cette chasse
n'est jamais bien dangereuse, car cet animal est d'un
naturel fort doux, et n'a recours à la force que pour
défendre ses petits.

On trouve des rennes dans le Groënland et dans le
Spitzberg ; ils sont aussi fort communs dans les parties
septentrionales de l'Asie.

L'ÉLAN.

Cet animal est haut de jambes et dépasse quelquefois la taille du cheval, sa tête est longue ainsi que ses
oreilles ; son cou très-court et rentré dans les épaules,
lui donne l'apparence d'un bossu. Le mâle porte des
cornes ramifiées, dont les extrémités en forme de pelles
sont deux fois plus larges qu'une assiette. Ces bois
tombent chaque année et sont si pesants, qu'ils dépassent souvent vingt kilogrammes.

Les hautes jambes de cet animal et l'exiguité de
son cou, l'obligent à brouter l'extrémité des plantes, et
il ne peut que bien difficilement paître sur un sol uni.

L'élan, comme le renne, habite les contrées septentrionales. Les Indiens de la baie d'Hudson, réduisent
les femelles d'élan en captivité, parce qu'elles donnent
plus de lait qu'aucune autre bête de somme.

Les élans lorsqu'ils sont attaqués, se défendent avec
leurs larges bois, et plus utilement avec leurs pieds de
devant; ils se servent de ces pieds avec tant de vigueur
et d'adresse, que du premier coup, ils tuent un chien
ou un loup. La chair de l'élan est comestible, mais elle
est loin de valoir celle du renne et du chevreuil.

LA GIRAFE.

La girafe n'est pas le plus gros, mais le plus haut
des mammifères, grâce à son cou qui est d'une longueur démesurée. La conformation de cet animal est
des plus singulières : qu'on s'imagine un quadrupède
mesurant six mètres de hauteur de la tête aux pieds,
par devant, et comptant à peine un mètre cinquante de
la queue au sabot, par derrière. Cette étrange structure
a fait croire que la girafe avait les jambes de derrière
beaucoup plus courtes que les autres; c'est une erreur :
les jambes sont de même hauteur, mais l'énorme développement du garrot et la longueur prodigieuse du cou,
produisent cette illusion.

La tête de la girafe est petite et rappelle assez celles
du lama et du chameau; elle est pourvue de deux petites cornes, ou plutôt de rudiments de cornes, car elles
ont à peine vingt centimètres et sont couvertes de peau.
La robe de cet animal est mouchetée comme celle de la

panthère. C'est en raison de ces ressemblances, que les Romains appelaient la girafe *chameau-léopard*. La girafe

n'a de commun que la robe avec la race féline, mais elle a plus d'un rapport avec le chameau, sinon par sa forme générale — qui est unique dans la nature — du moins par sa tête, son regard, et surtout par la douceur de son caractère.

La girafe se nourrit d'herbages. Comme elle est obligée d'écarter les jambes pour brouter l'herbe du sol, elle préfère manger les jeunes pousses d'arbres que la longueur de son cou lui permet d'atteindre, particulièrement les pousses d'accacia et de mimosa.

Cet animal habite les déserts de l'Afrique, principalement ceux d'Éthiopie. Il court avec une extrême rapidité et n'a d'autre défense que ses pieds de devant, avec lesquels il frappe ses ennemis. Son allure diffère de celles des autres animaux, l'ours excepté. On sait que tous les quadrupèdes, lorsqu'ils marchent, portent leurs pieds diagonalement, c'est-à-dire, le pied droit de devant avec le pied gauche de derrière. La girafe porte en même temps les deux pieds du même côté : c'est ce qu'on appelle marcher l'amble.

On enseigne aux chevaux à prendre cette allure qui est très-agréable aux cavaliers; elle n'est naturelle qu'à l'ours et à la girafe.

Les Hottentots, et autres Africains, chassent la girafe pour obtenir la moelle de ses os, qu'ils regardent comme un mets délicieux, et aussi pour s'emparer de sa peau dont ils font profit.

Elle a encore un ennemi plus redoutable dans la personne du lion, son compagnon du désert.

Il est très-facile d'apprivoiser la girafe; comme elle n'est d'aucune utilité domestique, on ne cherche pas à la capturer. On ne lui fait même pas une guerre trop acharnée, sa chair étant dure et coriace; néanmoins, cette espèce n'est pas très-répandue : ses nom-

breux ennemis, les grands carnassiers, l'empêchent de
se multiplier autant que les autres animaux du désert.

GENRE ANTILOPE.

LA GAZELLE.

Il n'est point de quadrupède plus joli, plus léger,
plus gracieux et plus aimable ; l'élégance de ses formes,

la délicatesse de ses membres, la souplesse de ses mouvements, et plus encore l'expression de sa figure et la
douceur de son caractère, en font un des plus charmants
animaux de la création. Aussi les Arabes, dans leur

poésie imagée, ne manquent-ils jamais de faire inter-
venir la gazelle, lorsqu'ils chantent la grâce, la douceur
et la beauté. Ces animaux habitent l'Afrique et vivent
en troupes nombreuses dans les plaines qui avoisinent
le cap de Bonne-Espérance ; ils se nourrissent de végétaux et broutent l'herbe et les jeunes pousses d'arbres.
Ils sont extrêmement craintifs, n'ayant d'autres moyens
de défense que l'agilité de leur course.

Malgré leur grande admiration pour cet aimable animal, les Arabes ne le chassent pas moins, à l'aide de
chiens lévriers, ou de faucons, dressés à cet exercice.
Rien n'est plus curieux que de voir bondir les gazelles,
lorsqu'elles sont poursuivies : elles sautent avec tant
de légèreté, qu'elles paraissent avoir des ailes.

LE SAIGA.

Cet animal ressemble assez à la chèvre commune,
excepté par les cornes; il habite le mont Caucase, la
Sibérie, la Styrie, etc.

Comme les oiseaux voyageurs, les saïgas émigrent
pendant l'hiver, et vont chercher dans les contrées
plus chaudes, la nourriture qui leur manque. Ils sont
très-vigilants et très-agiles, quand ils sont dans leurs
montagnes et défient les loups et les chasseurs; mais
aussitôt qu'ils sont en plaine, ils perdent beaucoup de
leurs avantages ; leur respiration étant très-courte, on
peut les forcer facilement, malgré leur agilité.

Le saïga redoute la grande chaleur. Sa chair ne vaut
rien; on utilise ses cornes et sa peau.

LE CHAMOIS.

Le chamois est la gazelle de l'Europe.
Cet animal vit sur les sommets les plus élevés des

Alpes, des Pyrénées et dans certaines montagnes de la
Grèce. Il se nourrit d'herbes aromatiques et de bourgeons tendres. Sa vue est des plus pénétrantes, son
ouïe extrêmement fine, et son odorat très-subtil; il
évente l'approche d'un ennemi à plusieurs kilomètres
de distance, quand il est sous le vent. Lorsqu'il redoute

quelque danger, il frappe le sol avec son pied, fait entendre un sifflement aigu, et prend la fuite, en sautant
de roches en roches. Comme ces animaux vivent en société, le sifflement de l'un d'eux sert de signal à toute la
troupe.

Ce n'est pas un spectacle sans intérêt que de les
voir escalader et descendre des rochers inaccessibles
pour tous autres, sauter à plus de dix mètres de hauteur, et tomber sur des pics qui ont à peine la largeur de la main.

La chasse du chamois est pénible et dangereuse. Il
faut que le chasseur déploie autant de force que d'a-
dresse, et autant de sang froid que d'agilité, car le
chamois, quand il est éperdu, s'élance sur le chasseur
et cherche à le précipiter dans l'abîme.

La chair de cet animal est très-estimée et sa peau
utilisée comme tapis de pieds.

Le chamois est aussi connu sous le nom d'Isard.

LE NILGAUT.

Le nilgaut est une antilope de la grosse race, qui
semble tenir le milieu entre le bœuf et le cerf : sa taille
dépasse celle du cheval árabe ; son dos est garni d'une
crinière et l'on voit flotter sur sa poitrine une touffe de
longs poils noirs. Chez le mâle, le train de derrière est
plus bas que celui du devant, et il porte une espèce de
bosse sur les épaules.

Ces animaux ont une singulière manière de se battre :
étant encore à une distance considérable l'un de l'autre,
ils se jettent à genoux ; dans cette position, ils s'appro-

chent d'une manière assez rapide en se tortillant ; quand ils sont arrivés à la distance cherchée, ils s'élancent l'un contre l'autre avec une grande impétuosité.

Le nilgaut habite les contrées intérieures de l'Asie. Il est regardé comme un gibier royal, et n'est chassé que par les princes et par les personnes de la plus haute considération. On dit son naturel indomptable, cependant on arrive à le réduire à la domesticité ; il est vrai qu'il a de fréquents accès d'impatience et que, sans provocation, il se laisse tomber à genoux, présente les cornes et se précipite sur son maître.

Toutes les forces de cet animal résident dans la tête et la violence de son premier choc est terrible ; il s'élance avec la rapidité de la flèche et frappe avec tant de vigueur, que souvent il se brise les cornes.

Le nilgaut se nourrit d'herbages, comme tous les ruminants.

LE GNOU.

Le gnou est un animal des plus singuliers : il tient du cerf par l'œil et les jambes ; du cheval par la forme du corps, la crinière et la queue ; du bœuf par les cornes. Il est un peu plus gros qu'un âne. Son corps, à part quelques endroits, est couvert d'un poil court comme celui du cerf ; sa tête est grosse et ressemble à celle du bœuf, excepté que son mufle est plus plat et plus large ; ses yeux sont noirs et bien fendus. Deux cornes, pareilles à celles du bœuf musqué, lui garnissent toute l'étendue du front, se courbent vers le bas, et se relèvent en pointe verticale. Entre les cornes, prend naissance une crinière qui s'étend tout le long de la partie supérieure du cou jusqu'au dos; la queue est composée comme celle du cheval; les jambes sont semblables, et d'une finesse égale à celles de la biche et terminées par un sabot fourchu, de couleur noire.

On trouve ce quadrupède dans les parties méridionales de l'Afrique, où il vit en troupes considérables.

Les Hottentots, qui sont très-friands de sa chair, se servent de différents moyens pour s'en emparer : le plus commode et le plus sûr, consiste à les faire tomber dans des trous recouverts de feuillage. On les prend aussi au moyen de nœuds coulants qu'on fixe entre les arbres : lorsqu'ils sont poursuivis, ils engagent la tête dans ce lacet et s'étranglent.

Les gnous sont extrêmement sauvages et très-redoutables ; quand ils sont acculés, ils se précipitent en avant, à la façon des taureaux, et leur front garni de corne, plus que les cornes elles-mêmes, porte des coups terribles.

LE CHEVROTAIN.

Le chevrotain semble tenir le milieu entre les ruminants à cornes et à sabots et les ruminants sans cornes. Cet animal plus petit que la chèvre, a toute la grâce et toute la légèreté des biches. Sa tête est dépourvue de bois. Il porte deux défenses de chaque côté de la mâchoire supérieure.

Il est très-alerte et fait des sauts prodigieux d'un rocher à l'autre; il marche si légèrement sur la neige, qu'il y laisse à peine l'empreinte de ses pieds, tandis que les chiens qui le chassent, s'y enfoncent profondément.

Le chevrotain est originaire de l'Asie et se trouve sur les montagnes du Thibet, où il vit retiré sur les pics les plus élevés et les plus âpres. Il est solitaire toute l'année, excepté en automne : à cette époque, on en voit de nombreux troupeaux se réunir pour changer de résidence et se diriger vers des contrées plus méridionales.

LE MUSC est l'espèce la plus célèbre de cette famille. Cet animal atteint la taille du chevreuil. Il est remarquable par une poche située auprès du nombril ; cette poche ou réservoir, contient le parfum connu sous le nom de musc. Le musc est une matière grasse, brune, grenue et d'un odeur caractéristique. Les Chinois, qui font commerce de ce parfum, chassent le chevrotain porte-musc à l'époque de sa migration. Dans ce moment, l'animal est tellement épuisé par la fatigue et la aim, qu'on peut s'en emparer facilement.

Autrefois, le musc faisait l'objet d'un trafic considérable ; on préfère aujourd'hui les parfums moins violents et surtout moins tenaces.

RUMINANTS SANS CORNES.

GENRE CHAMEAU.

LE CHAMEAU.

Le chameau est bien certainement l'animal qui rend le plus de services aux habitants voisins des déserts. Il n'est pas seulement utile à l'Arabe, il est indispensable. Durant sa vie, il accomplit des travaux que nul autre animal ne pourrait remplir à sa place ; après sa mort, il donne sa chair, sa laine et sa peau.

« Les Arabes, dit le grand naturaliste, regardent le chameau comme un présent du ciel, un animal sacré avec lequel ils peuvent mettre en un seul jour cinquante lieues de distance entre eux et leurs ennemis. »

Le chameau est plus anciennement, plus complétement et plus laborieusement esclave qu'aucun des autres animaux domestiques. Il l'est plus anciennement, parce qu'il habite un pays où les hommes se sont le plus anciennement policés; il l'est le plus complétement, parce que dans les autres espèces d'animaux domestiques, telles que celles du cheval, du chien, du

bœuf, de la brebis, du cochon, etc., on trouve encore
des individus qui sont sauvages et que l'homme n'a
pu soumettre ; au lieu que dans le chameau l'espèce
entière est esclave ; on ne le trouve nulle part dans
sa condition primitive d'indépendance et de liberté ;
enfin, il est plus laborieusement esclave qu'un autre,
parce qu'on ne l'a jamais nourri ni pour le faste, comme
la plupart des chevaux, ni pour l'amusement, comme
presque tous les chiens ; ni pour l'usage de la table,
comme le bœuf, le cochon, le mouton ; que l'on n'en a
jamais fait qu'une bête de somme, qu'on ne s'est pas
même donné la peine d'atteler ni de faire tirer, mais
dont on a gardé le corps comme une voiture vivante,
qu'on pouvait tenir chargée et surchargée, même pendant le sommeil ; car lorsqu'on est pressé, on se dispense
quelquefois de leur ôter le poids qui les accable.

L'éducation du chameau est une des plus sérieuses
occupations de l'Arabe. Dès sa plus tendre enfance,
on l'accoutume à plier les genoux et à rester par terre ;
dans cette position, on le charge d'un fardeau dont il
ne se déchargera jamais que pour en porter un plus
lourd ; au lieu de lui donner à boire et à manger suivant ses besoins, on l'habitue à faire de longs voyages
et à se priver de nourriture ; on le dresse à la course,
on lui forme son allure, on le soumet à l'obéissance, etc.

Lorsqu'ils ont atteint la plénitude de leurs forces,
les chameaux peuvent porter cinq ou six cents kilogrammes et, avec cette charge, faire dix à douze lieues à
travers le désert. La faculté qu'ils ont de s'abstenir de
boire, leur permet de cheminer pendant une semaine, et
quelquefois davantage, dans des contrées absolument

dépourvues d'eau ; ils font un voyage de plusieurs journées, ayant pour toute nourriture les plantes épineuses qu'ils rencontrent dans le désert, des dattes ou quelques pains de farine d'orge.

Le second estomac de ces animaux étant formé de cellules nombreuses, le chameau, lorsqu'il boit, remplit ce réservoir et ne se sert de l'eau qu'au fur et à mesure de ses besoins ; c'est pourquoi les voyageurs, lorsqu'ils éprouvent une disette absolue d'eau, sacrifient un chameau pour obtenir celle qui est contenue dans son estomac, eau qui est toujours fraîche et saine.

Les chameaux sont d'un naturel fort doux et se plient à toutes les exigences du maître ; néanmoins, ils sont très-sensibles aux rigueurs injustes et s'en vengent quelquefois ; leur colère apaisée ils ne conservent aucun ressentiment. Quand un conducteur a excité la colère d'un chameau, il habille un mannequin avec ses vêtements et place ce mannequin sûr le passage de l'animal ; celui-ci reconnaît son ennemi a ses habits, et, le croyant endormi, le secoue avec ses dents et le piétine avec violence ; cet accès de rage calmé, le conducteur peut se montrer, il n'a plus rien à redouter.

LE DROMADAIRE et le chameau sont de la même espèce. La seule différence qui existe entre eux, consiste dans les protubérances qu'ils portent sur le dos : le dromadaire n'a qu'une bosse, tandis que le chameau en a deux : le premier est cependant un peu plus grêle que l'autre et semble mieux disposé pour la course.

Le chameau habite l'Asie ; le dromadaire paraît confiné en Afrique.

LE LAMA.

Quelques personnes appellent le lama : le chameau des montagnes, ou chameau d'Amérique. Cet animal, en effet, a plus d'un point de ressemblance avec ce dernier, mais il en diffère sous tant de rapports qu'on ne peut le considérer comme appartenant à la même espèce. Le lama n'a pas de bosse; sa taille est moitié moindre que celle du chameau; ses pieds sont profondément séparés et surmontés d'un éperon en arrière — ce qui lui permet de s'accrocher à toutes les saillies de rochers — son corps est recouvert de longs poils soyeux de couleur grise, brune ou blanche.

Ces animaux, si nécessaires dans le pays qu'ils habitent, ne coûtent ni entretien ni nourriture : ils n'ont besoin ni de grain, ni d'avoine, ni de foin, l'herbe verte qu'ils broutent leur suffit, et ils n'en prennent qu'une petite quantité; ils sont encore plus sobres sur la boisson; ils s'abreuvent de leur salive, qui dans cet animal, est plus abondante que dans aucun autre. Comme ils ont les pieds fourchus, il n'est pas nécessaire de les ferrer; la laine épaisse dont ils sont couverts, dispense de les bâter.

Le lama semble originaire du Pérou et ne se plaît que dans les montagnes : il sert à la fois d'âne, de bœuf, de chameau et fait la principale richesse des habitants du pays. Cet animal transporte des charges de cent kilogrammes à travers les ravins les plus profonds et les rochers les plus escarpés; il se fraye des chemins, où l'homme le plus audacieux ne saurait le suivre. Son allure est lente et posée ; il se fatigue aisément et ne fait guère plus de vingt kilomètres par jour. Quand on veut l'obliger à doubler le pas, il se couche et se laisse plutôt assommer sur place que de continuer son chemin ; il faut attendre qu'il se relève de son plein gré. Il plie le genou comme le chameau et prend toutes les précautions possibles pour ne pas déranger sa charge.

Aucun animal n'est plus soumis ni plus pacifique : quand on le maltraite ou qu'on l'excède de travail, le lama, au lieu de punir son bourreau, se frappe lui-même et se tue en se cognant la tête contre la terre—sur laquelle il se jette aussitôt qu'on le tourmente ; — il ne se défend ni des pieds, ni des dents et n'a pour ainsi dire d'autres armes que l'indignation : quand on le maltraite ou qu'on l'insulte, il crache à la figure de l'agresseur.

On chasse LE HUANACUS, ou lama sauvage, pour s'emparer de sa toison ; les chiens ont beaucoup de peine à le suivre et si on lui laisse gagner les rochers, chasseurs et chiens sont obligés d'abandonner sa poursuite.

Le lama paraît craindre la pesanteur de l'air autant que la chaleur ; on ne le trouve jamais dans les terres basses.

La vie du lama est assez courte et ne dépasse guère une quinzaine d'années.

On dit qu'il ne se plaît que dans les montagnes des Cordilières et ne fait que languir partout ailleurs. Le grand naturaliste Buffon n'était point de cet avis ; il pensait que ces animaux pouvaient s'acclimater et vivre sur nos

Alpes et nos Pyrénées aussi bien que sur les Andes.

La Vigogne ne diffère du lama que par sa taille qui est moins élevée. Elle a, d'ailleurs, absolument les mêmes mœurs, habite les mêmes contrées, et se nourrit des mêmes herbages.

La force de la vigogne n'étant pas considérable, elle est peu employée comme bête de somme; en revanche, elle est fort recherchée pour sa toison, qui est fine et soyeuse, et avec laquelle on confectionne de belles et légères étoffes.

La vigogne habite les régions les plus élevées des montagnes, et semble se complaire dans la glace et la neige; elle est très-timide et se sauve à la moindre apparence de danger.

L'Alpaca, que l'on a longtemps confondu avec le lama et la vigogne, vit en troupes nombreuses sur toute la chaîne des Cordilières. Sa laine, d'un blanc rosé, est d'une extrême finesse ; on en fabrique des tapis de grande valeur et des étoffes pour dames. On lui conserve sa couleur naturelle, qui est fort agréable, afin de la distinguer des autres laines qui sont infiniment moins précieuses.

Les tissus qu'on vend sous le nom d'alpagas, n'ayant pas ce certificat d'origine, ne sont point confectionnés avec la toison de cet animal.

IX. — LES ÉDENTÉS.

Cet ordre comprend les quadrupèdes dont les dents sont incomplètes et ceux qui n'en ont pas du tout; ils sont remarquables par le développement de leurs griffes et par leur manière de vivre.

TARDIGRADES.

L'UNAU.

Jusqu'à présent, à part les chauves-souris, nous n'avons vu que des animaux conformés d'une manière à peu près régulière. La classe des édentés nous présente des individus de forme et d'habitudes passablement étranges.

Maintenant, plus nous descendrons l'échelle des êtres, plus nous aurons à constater de singularités dans leur organisation.

L'unau est un animal tout à fait disgracié de la nature : ses formes sont grossières, son poil est rude et hérissé ; ses jambes de devant sont plus courtes que celles de derrière ; ses pieds sont petits et armés de griffes énormes qui lui permettent de monter sur les arbres ; il n'a pas de dents propre à la défense ; il se meut avec une extrême lenteur, et ne peut échapper à ses ennemis ni par la fuite, ni par l'escalade ; il ne peut que se traîner. Il lui faut un jour entier pour parcourir un espace de dix mètres et un jour pour grimper sur un arbre : il n'a que sa patience et sa ténacité pour toute arme.

Ce pauvre animal semble si bien comprendre son impuissance, que ses regards suppliants, cherchent à fléchir ceux qui le tourmentent : l'expression de ses yeux indique tant de souffrance, qu'on ne peut le regarder sans être ému de compassion.

L'unau ne se nourrit que de fruits mous et de feuilles qu'il va chercher au milieu des herbes, ou cueillir sur ces arbres. Quand il a pris possession d'un arbre, il ne l'abandonne qu'après en avoir dévoré toutes les feuilles. Il peut supporter l'abstinence pendant un temps considérable, et son tempérament est des plus vivaces.

Ses pieds de devant possèdent une force extraordinaire : quand il saisit une branche, il faut le tuer pour lui faire lâcher prise.

On rapporte qu'un jour, on mit une perche entre les jambes d'un unau ; l'animal saisit la perche, qui fut placée horizontalement, et s'y tint suspendu pendant dix jours sans prendre aucune espèce de nourriture. Dans ce long intervalle, il regardait d'un air si piteux les personnes qui s'approchaient de lui, qu'on ne pouvait s'empêcher d'avoir pitié de cette pauvre bête. On le mit par terre pour terminer son supplice, et quelqu'un ayant excité un chien contre lui, l'unau le saisit entre ses griffes, ne voulut plus le lâcher et le tint si serré, et si longtemps, que tous deux moururent de faim.

L'unau est à peu près de la grosseur d'un chat ; il habite l'Amérique du nord ; on l'apprivoise facilement.

L'AÏ.

Cet animal ne diffère du précédent que par le nombre de ses côtes, qui n'est que de trente — l'unau en a quarante-huit, — par son poil, par son museau plus court et par sa petite queue, — l'unau en est dépourvu. Du reste, leurs habitudes sont les mêmes et tous deux ont une assez triste existence.

La chair de ces animaux ne vaut absolument rien.

ÉDENTÉS A MUSEAU POINTU.

LE TAMANOIR.

Le tamanoir a la forme générale du renard, et le double de sa taille. Son museau est tellement hors de proportion avec le reste du corps, que sa longueur égale le quart de la grandeur totale de l'individu. Ses jambes de devant sont plus hautes que celles de derrière ; ses pieds sont armés de griffes très-fortes dont celle du milieu dépasse de beaucoup les autres. Son corps est couvert de poils noirs et blancs ; sa queue est si touffue, qu'à l'instar de l'écureuil, il s'en sert pour s'abriter de la pluie et du soleil en la rejetant sur son dos : lorsqu'il la laisse traîner, elle balaye la terre ; quand il est en colère, il l'agite violemment.

Le tamanoir est mauvais marcheur et ses allures sont fort lentes ; quand il grimpe sur un arbre, il déploie beaucoup plus de vitesse et s'accroche aux arbres avec tant de force, qu'il est impossible de lui faire lâcher prise. Le tamanoir est dépourvu de dents ; il fait sa nourriture des insectes mous, particulièrement des poux de bois, dont il déchire les ruches avec ses ongles, et qu'il va chercher sur les arbres.

Lorsqu'il est attaqué, le tamanoir se couche sur le dos et présente ses griffes à l'ennemi ; dans cette position, il peut se défendre contre le jaguar, le conguar et autres bêtes féroces, qui vivent avec lui dans les contrées chaudes de l'Amérique.

LE TAMANDUA.

Le tamandua est beaucoup plus petit que le tama-noir, mais lui ressemble par sa conformation, ses mœurs, et sa manière de vivre.

Ses griffes possèdent la même puissance et il marche aussi péniblement que son congénère.

Le tamandua dort en tenant sa tête entre ses jambes de devant.

LE FOURMILIER.

Le fourmilier, encore plus petit que le tamandua, ne porte guère plus de vingt-cinq centimètres, depuis le museau jusqu'à la naissance de la queue. Son pelage moelleux est bigarré de jaune, de roux et de noir ; ses pieds sont armés de griffes : ceux de devant n'en ont que deux, les autres en possèdent quatre.

Cet animal grimpe sur les arbres avec beaucoup de facilité et se plaît à se suspendre aux branches.

Le fourmilier, comme son nom l'indique, se nourrit de fourmis. La manière dont il s'y prend pour se procurer sa proie, est des plus simples : il s'approche d'une fourmilière, étend sa langue sur le passage de ces insectes et la laisse sans mouvement pendant quelques instants ; les fourmis, qui sont très-voraces et dont plusieurs espèces ont jusqu'à deux centimètres de longueur, prennent cette langue pour un ver et s'attroupent pour l'emporter ; dès qu'elles la touchent, elles se trouvent empêtrées dans la matière visqueuse dont cette langue est enduite. Quand l'animal juge sa langue suffisamment chargée, il la retire et avale ses victimes. Il continue ce manége jusqu'à ce que sa faim soit assouvie.

Les fourmilières d'Amérique qui dépassent souvent la hauteur d'un homme, lui fournissent une abondante nourriture.

Ces trois espèces d'animaux : le tamanoir, le tamandua et le fourmilier, bien que différents de taille, se ressemblent par les habitudes et les instincts. Tous trois se trouvent dans les parties les plus désertes du nouveau monde.

Quoique leur chair soit d'un goût peu agréable, les indigènes mangent ces animaux, qu'ils devraient plutôt protéger en raison de leur utilité.

LE TATOU.

Parmi les animaux singuliers, il ne faut pas oublier le tatou. Cet animal porte sur le corps une armure écailleuse qui lui sert, pour ainsi dire, de cotte d'armes. Cette armure est composée de plusieurs bandes d'écailles, articulées comme celles qui protégent la queue du homard — ce qui permet à l'animal de se mouvoir et même de s'enrouler — cette espèce de carapace à charnière ne lui couvre que le dos : les pieds, les jambes et le ventre de l'animal, bien que portant de petites écailles, ne sont point enfermés, et se meuvent librement sous la cuirasse qui les protégent.

Les tatous sont de petits animaux tout à fait inoffensifs ; ils n'ont d'autre moyen de défense que l'armure en question, et la propriété de se mettre en boule comme le hérisson.

Lorsqu'il est attaqué, le tatou fourre aussitôt sa tête sous son test, ramasse ses jambes, et réunit les deux extrémités de son corps. En cet état, il ressemble à une

boule de pierre, et l'on peut le faire rouler et le secouer pendant fort longtemps, avant de lui faire quitter cette position.

Les tatous sont armés de griffes très-fortes et très-aiguës qui leur permettent de se creuser des terriers avec promptitude et facilité. Ces animaux habitent l'Amérique méridionale. Les indigènes leur font la

guerre pour s'emparer de leurs écailles avec lesquelles
ils confectionnent des corbeilles, des paniers, etc., et
pour sa chair qui est, dit-on, fort délicate.

Il existe cinq ou six espèces de tatous qui ne diffèrent
que par le nombre de bandes qui composent leur cuirasse.

LE PANGOLIN.

Si le tatou avec sa carapace rappelle la tortue, voici
un animal, qu'à première vue, on prendrait pour une
espèce de crocodile, avec cette différence, que les
écailles dont il est couvert sont mobiles, tandis que le
crocodile a des écailles soudées à la peau.

Le pangolin peut quelquefois atteindre deux metres
de longueur ; il a la tête petite et le nez très-effilé ; ses
jambes sont trapues, et ses pieds munis de longues
griffes. Sa mâchoire est totalement dépourvue de dents;
son museau et sa langue sont également très-longues
et très-étroites. Une forte armure écailleuse défend
toutes les parties supérieures du corps; les écailles
du dos affectent différentes formes et n'ont pas toutes
les mêmes dimensions : elles se baissent et se relèvent
à la volonté de l'animal, comme les piquants du porc-
épic. De même que le hérisson, le pangolin a le pouvoir
de se mettre en boule, et de se présenter la pointe de
ses écailles à ses ennemis.

Cet être, si puissamment armé pour la défense, n'attaque que les insectes, dont il fait sa nourriture. Comme
le fourmilier, dont nous venons de parler, le pangolin
étend sa langue ronde sur la fourmilière et l'en retire
chargée de fourmis. Cette langue, d'un rouge vif, est

enduite d'une liqueur visqueuse qui retient facilement les petits insectes.

Cet étrange animal habite l'Inde et fréquente les forêts et les endroits marécageux. Il a des allures très-lentes. Lorsqu'il redoute quelque danger, il s'enroule aussitôt; les plus féroces animaux n'osent plus alors s'en approcher, de peur d'être écorchés par les pointes et les tranchants de ses écailles qui sont tellement dures, qu'elles font feu sous le briquet.

On prétend que le pangolin s'enroule quelquefois autour de la trompe de l'éléphant et que ce puissant quadrupède a beaucoup de peine à s'en délivrer.

On connaît plusieurs espèces de pangolins que l'on distingue par la forme de leurs écailles.

X. — LES MARSUPIAUX.

L'ordre des marsupiaux comprend les animaux qui portent sous le ventre un repli de peau formant poche. Cette poche recouvre les mamelles de l'animal et ses petits vont s'y loger tant qu'ils ne sont pas en état de se nourrir eux-mêmes. La tribu des marsupiaux n'est pas très-nombreuse : en voici les principaux types.

MARSUPIAUX CARNASSIERS.

LE DASYURE.

Cet animal est à peu près de la taille du blaireau: il a le museau effilé comme celui de la civette et porte des griffes à ses doigts. Le dasyure est extrêmement vorace ; il se nourrit de proies vivantes et de chairs corrompues. Il habite la Nouvelle-Hollande et remplit dans ce pays le même office que l'hyène et le chacal en Afrique, c'est-à-dire, qu'il délivre la terre de tous les cadavres abandonnés et de toutes les charognes qu'on jette à la voirie.

LE THYLACINE.

Le thylacine est plus grand que le précédent : il ressemble au chien et vit dans les bois ; il se nourrit de chair et habite le même pays que le dasyure.

LE MANICOU.

Le manicou est de la taille d'un lapin ; il a le museau pointu et une gueule démesurément fendue ; ses jambes sont courtes ; sa queue est longue et prenante. Il se nourrit de petites proies, croque les oiseaux et les œufs. Lorsqu'il est à terre, il marche péniblement, mais il se tient sur les arbres avec autant de facilité que les autres quadrupèdes grimpeurs. Quand il est poursuivi, il contrefait le mort, et, dans cette position, se laisse maltraiter, blesser même, sans donner signe de vie. Il a beaucoup de courage, surtout quand il a des petits.

Cet animal a la vie tellement tenace, qu'il faut employer des instruments tranchants pour la lui ravir. Dans la Caroline du Nord, pays où le manicou se trouve en abondance, on dit proverbialement : si le chat possède neuf vies, le manicou en possède dix-neuf.

MARSUPIAUX INSECTIVORES.

LE SARIGUE.

Le plus connu des marsupiaux, c'est le sarigue : on le trouve dans l'Amérique du Sud, au Mexique et au Brésil. Cet animal ne dépasse guère la taille d'un chat et sa figure rappelle assez celle de la souris ; il se tient ordinairement assis et reposé sur sa queue qui est forte, longue, et prenante.

La poche que la femelle porte sous son ventre, sert de retraite à ses petits. Quand ceux-ci vont s'ébattre sur l'herbe, ils ne s'écartent jamais bien loin de leur mère : à la moindre apparence de danger, on les voit se précipiter dans la poche maternelle ; le danger passé, ils montrent leur petit museau pointu hors de l'ouverture, regardent de tous côtés, puis sortent de nouveau ; ce manége se répète souvent, car ces animaux sont très-peureux. Lorsque le péril est imminent, et que les petits n'ont pas le temps de rentrer dans la bourse, ils grimpent sur le dos de leur mère, enlacent leur queue prenante autour de la sienne, et se font ainsi emporter au loin.

Quand le sarigue femelle veut construire son nid, elle charge son ventre d'une certaine quantité de mousse et d'herbes sèches, les maintient avec ses pieds et se couche sur le dos ; le mâle la tire alors par la queue, et la traîne avec son fardeau jusqu'à l'endroit choisi. Cette manœuvre est commune à plusieurs animaux de l'ordre des rongeurs : le rat et la marmotte la mettent souvent en pratique.

Le sarigue se nourrit d'insectes, de fruits, de mollusques, etc.

LE PÉRAMÈLE.

Le péramèle est un marsupial de la Nouvelle-Hollande, il est de la taille d'un petit lapin. Sa mâchoire supérieure se termine par un nez très-long et très-effilé ; son pelage est marron en dessus et blanc en dessous : il se nourrit d'insectes.

MARSUPIAUX FRUGIVORES.

LE PHASCOLOME MINEUR.

Cet animal a tout à fait l'apparence d'une marmotte dont il a aussi la taille ; il se nourrit de fruits, d'herbe, de racines et se creuse des terriers, comme ce rongeur. On le trouve dans la terre de Van Diémen : c'est un animal nocturne.

LE KANGUROO.

Le kanguroo est le géant des marsupiaux ; il atteint parfois la taille de deux mètres de hauteur, sans compter la queue qui est presque aussi longue, et pèse jusqu'à soixante-quinze kilogrammes.

La forme générale de ce quadrupède est conique ; sa tête est petite, ses épaules sont étroites et son corps va en s'élargissant. Ses jambes de devant n'ont pas plus de cinquante centimètres, tandis que celles de derrière mesurent un mètre vingt-cinq : les premières

lui servent à fouiller la terre pour y former son terrier,
et à porter les aliments à sa bouche; les autres, qu'il
tient toujours pliées sous lui et sur lesquelles il se

repose, lui servent de moyen de locomotion. Sa queue
est longue, épaisse à son origine et se termine en
pointe; il l'emploie pour sa défense et porte avec cette
arme des coups d'une telle violence, qu'ils seraient ca-

pable de briser la jambe d'un homme. Lorsqu'il stationne, cette queue lui sert d'appui : l'animal se repose sur elle autant que sur ses membres inférieurs; quand il se met en mouvement, cette queue agit simultanément avec les jambes et lui sert de ressort. Le kanguroo ne marche pas, il se meut en sautant : pressé par ses ennemis, il peut faire des bonds qui mesurent quatre mètres d'étendue.

La femelle porte une bourse abdominale, comme la sarigue; c'est dans cette poche que les petits achèvent de se former; qu'ils trouvent leur première nourriture et un abri contre le danger.

Cet animal à l'état adulte vit de fruits et de racines. Sa chair n'est pas mauvaise à manger et rappelle un peu celle du mouton.

Le caractère de ce quadrupède est doux et sa timidité extrême : lorsqu'il est poursuivi, il bondit avec une telle rapidité que les chiens ne peuvent l'atteindre; quand il se voit serré de trop près, il se retourne, fait face à l'ennemi, le saisit avec ses pattes de devant, le frappe avec celles de derrière, qui sont extrêmement fortes, et se sert de sa queue comme de fouet pour assommer ceux qui l'attaquent de côté.

Le Kanguroo habite l'Australie, où il semble confiné.

LE PHALANGER.

Le phalanger est un animal à queue longue et prenante; il n'est pas plus gros qu'un rat et a beaucoup d'analogie avec l'écureuil : comme lui, il vit sur les arbres et se nourrit de fruits. Son pouce est sans ongle et séparé de ses deux autres doigts ; les deux doigts qui le suivent sont réunis par une membrane jusqu'à la dernière phalange : c'est de là que lui vient le nom de phalanger.

LE PHALANGER VOLANT, qui n'est pas plus gros qu'une souris, a la peau des flancs étendue entre les jambes, et peut se maintenir un instant dans les airs.

XI. — LES MONOTRÈMES.

L'ordre des monotrèmes comprend les mammifères qui n'ont qu'une ouverture pour faire leurs nécessités. Ils sont fort peu nombreux et semblent former le passage entre les mammifères, les reptiles et les oiseaux.

L'ÉCHIDNÉ ÉPINEUX.

L'échidné est un animal qui a cinq ongles comme les édentés ; une bouche étroite qui s'ouvre à l'extrémité d'un museau allongé et qui est privée de dents ; sa langue est extensible et peut s'allonger beaucoup. son corps est couvert d'épines au lieu de poils. Il se nourrit d'insectes et particulièrement de fourmis, se creuse des terriers, et se roule en boule comme le hérisson. On le trouve en Australie.

L'ORNITHORINQUE.

L'ornithorinque est un quadrupède des plus singuliers. Il est gros comme un chat, mais plus bas de jambes ; ses pieds se terminent par une large membrane qui s'étend bien au delà des ongles et qui se replie comme les ailes de la chauve-souris; les pieds de devant sont munis de cinq ongles très-forts; ceux de derrière en ont six recourbés; chez le mâle, à la partie postérieure de la patte, se trouve un cône corné, comme l'ergot du coq, et qui sécrète un liquide venimeux. La tête de cet animal est encore plus étrange que ses pieds : elle est terminée par un bec de canard! Longtemps on a cru que c'était un véritable bec d'oiseau; un examen plus attentif a fait connaître que ce n'était que le prolongement du museau, et que l'extrémité osseuse tient lieu de dents incisives dont la mâchoire est dépourvue. Le corps de cet animal extraordinaire est couvert d'un poil épais et doux, presque semblable à celui de la taupe; il est brun en dessus et d'un blanc argenté sur les flancs.

L'ornithorinque se creuse des terriers sur le bord des rivières, se nourrit de poissons, plonge et demeure sous l'eau aussi longtemps que la loutre, et, comme cette dernière, a une vie moitié terrestre et moitié aquatique.

Cet étrange animal tient donc des oiseaux par son bec et ses pieds palmés; du serpent, par le venin que distille son ergot; et des amphibies, dont il a les mœurs et les habitudes.

Il habite la Nouvelle-Hollande.

XII. — LES CÉTACÉS

Les cétacés sont des mammifères qui ont la faculté de rester tout entiers dans l'eau, et dont la conformation est adaptée à une vie complétement aquatique. Ce ne sont pas des poissons, puisqu'ils se noiraient s'ils ne venaient pas respirer à la surface des eaux; ce ne sont pas non plus des amphibies, puisqu'ils ne peuvent vivre hors de l'eau.

CÉTACÉS CARNASSIERS.

LA BALEINE.

Si l'on accordait la suprématie à la taille et à la force, la baleine serait la reine du monde animé; aucun animal ne peut lui être comparé. L'éléphant, qui nous paraît si monstreux, entrerait facilement dans la gueule de la baleine; il faut dire que cette gueule occupe le tiers de l'individu et que son développement est considérable. Ce gouffre est plus effrayant que dangereux, car la baleine n'a point de dents pour saisir une proie un peu volumineuse, ni de gosier assez large pour l'avaler. La mâchoire supérieure de cet animal est garnie de longues lames, composées de fibres cornées, au nombre de trois à quatre cents de chaque côté; ces lames, appelées fanons, sont destinées à retenir et à broyer les petits poissons, les mollusques et le frai dont la baleine fait sa nourriture. Elle ne chasse pas, et ne choisit pas sa proie comme les autres carnassiers : elle absorbe tout simplement une énorme quantité d'eau, et cette eau lui amène des milliers de petits animaux dans ses fanons; la baleine n'avale pas l'eau qu'elle aspire, elle la rejette avec grand bruit par des ouvertures situées au-dessus de sa tête et qu'on nomme évents. L'eau qui s'échappe par ces évents, s'élève en jets d'environ douze mètres de hauteur, et produit absolumént le même effet que les jets d'eau de nos bassins.

Le corps de la baleine, qui mesure quelquefois vingt-cinq mètres de longueur, et qui peut peser jusqu'à cent cinquante mille kilogrammes, se termine en queue de poisson ; sa peau est lisse et généralement noire sur le dos et blanche sous le ventre.

La baleine, quelle que soit sa taille, sa force et sa puissance, ne peut se dérober aux coups de l'homme. Des matelots, montés sur des chaloupes, se dirigent hardiment vers ce colosse des eaux et lui lancent un harpon. L'animal blessé plonge aussitôt dans les profondeurs de la mer, emportant avec lui l'instrument qui l'a frappé. Cette arme, attachée à la chaloupe par un cordage, se déroule suivant la vitesse de la bête ; quand la baleine remonte à la surface, pour y respirer, le harponneur lui lance de nouveaux traits et continue ce manége jusqu'à ce que, perdant tout son sang, elle expire et flotte sur l'eau.

Le dépècement est une opération qui demande plusieurs jours de travail et qui occupe tout l'équipage. On traîne le cadavre vers le vaisseau, on hisse une partie de la queue, qu'on découpe par carrés, et l'on continue ainsi en enlevant toutes les parties utiles de l'animal, morceau par morceau. Une baleine de taille ordinaire produit de huit à dix hectolitres d'huile. Cette pêche occupe toute une armée de matelots ; elle commence au mois de mai, finit en août, et se pratique dans les mers glaciales.

On compte plusieurs espèces de baleines : LA BALEINE FRANCHE, LA BALEINE NOUEUSE, LA BALEINE LUNELÉE, LA BALEINE A BOSSES, etc.

LE CACHALOT.

Le cachalot ressemble à la baleine par son ensemble, mais en diffère par certaines particularités dans l'organisme et surtout par les mœurs et le caractère. Autant la baleine est timide et inoffensive, autant le cachalot est audacieux et redoutable. La baleine vit solitairement dans les mers les plus reculées du nord; le cachalot voyage partout, et on le trouve aussi bien sous les glaces des pôles que sous les rayons brûlants de l'équateur. Ce qui le rend si remuant et si agressif, c'est son formidable appétit et les moyens qu'il a de le satisfaire : ses mâchoires ne sont point garnies de fanons; l'une d'elles — la mâchoire inférieure — porte de belles et bonnes dents capables de retenir n'importe qu'elle proie. Le cachalot avale une quantité de poissons incroyable. On a trouvé dans le corps de ces animaux un requin tout entier, long de cinq mètres.

Le cachalot donne moins d'huile que la baleine; en revanche, il offre une abondante matière, appelée blanc de baleine ou spermaceti, et la substance connue sous le nom d'ambre gris. Le spermaceti se trouve en grande quantité dans la tête de l'animal, et sert à fabriquer des bougies; l'ambre gris est tiré de ses intestins : cette substance odorante, qu'on trouve par morceau dans l'abdomen de l'animal, est, dit-on, une sécrétion résultant d'une maladie.

Le Narval, se distingue des autres cétacés par la défense dont sa mâchoire supérieure est pourvue et qui porte trois mètres de longueur; cette arme terrible, droite comme une flèche, pourrait perforer tous les autres animaux marins, si le narval avait le naturel batailleur ; c'est, au contraire, un animal paisible qui évite les combats et fuit devant le danger.

LE DAUPHIN.

Outre les diverses espèces de baleines, on compte encore parmi les cétacés carnassiers le dauphin et le marsouin.

Ces deux animaux ont à peu près les mêmes mœurs ; ils sont voraces, se nourrissent de petits poissons, vivent en troupes et paraissent avoir de l'attachement pour leurs petits. Il ne fuient pas la présence de l'homme et aiment à se jouer autour des navires.

Les dauphins bondissent assez loin hors de l'eau et se courbent extraordinairement quand ils sautent ; cette attitude, qui n'est qu'accidentelle, a été reproduite par les peintres qui représentent toujours les dauphins de cette manière.

Une grande espèce, qui peut avoir cinq mètres de longueur, est appelée le souffleur sur les côtes de Normandie. C'est, avec le cachalot, le cétacé le plus cruel.

LE MARSOUIN, appelé aussi cochon de mer, parce que son museau, garni de muscles très-forts, lui permet de remuer le sable pour y chercher des anguilles, est le plus petit des cétacés.

On le trouve en abondance dans toutes les mers, et à l'embouchure des fleuves.

LE LAMENTIN.

Cet animal, gros comme un bœuf et rond comme un tonneau, ressemble beaucoup au phoque : il mesure environ cinq mètres de longueur et pèse jusqu'à quatre cents kilogrammes. Il a une petite tête terminée par des lèvres charnues, comme celles du veau.

Le lamentin habite les mers du nouveau monde et les côtes de l'Afrique; on le trouve surtout à l'embouchure des fleuves, broutant l'herbe qui croît non loin du rivage. La femelle allaite son petit en le tenant suspendu à ses mamelles, et en le serrant si fortement dans ses bras, qu'il ne s'en sépare jamais, quelques mouvements qu'elle fasse.

On voit des lamentins en grand nombre dans les îles de l'Amérique, tout proche des rivières, dormant le mufle à demi hors de l'eau.

Son lard fournissant beaucoup d'huile, et sa chair étant bonne à manger, on pêche cet animal avec activité. Cette pêche n'est ni dangereuse, ni difficile : elle se pratique de la même façon que celle de la baleine, c'est-à-dire, à l'aide du harpon.

Les lamentins peuvent vivre quelque temps hors de l'eau.

Ces animaux ayant du poil aux moustaches, et les femelles portant les mamelles sur la poitrine, ces deux circonstances, ainsi que le remarque Cuvier, leur ont fait trouver quelque ressemblance avec les hommes et les femmes, surtout quand ils ne tiennent que leur buste hors de l'eau. C'est probablement cette vague ressemblance qui a donné lieu aux fables anciennes qui parlent de Tritons et de Sirènes.

LE DUGONG.

Le dugong, par la forme brusquée de sa tête, se rapproche des cétacés proprement dits.

Il a le museau long, le corps allongé et la queue triangulaire.

Il se nourrit d'algues, de varechs, et d'autres plantes qu'il mâche comme les vaches.

On le trouve dans les mers de l'Australie, des Indes et dans la mer Rouge.

Les Malais estiment tellement la chair de cet animal, qu'ils la réservent pour la table des princes.

LES OISEAUX.

La classe des oiseaux forme la seconde subdivision du règne animal. Elle comprend les animaux vertébrés les mieux organisés pour le vol. Il est impossible de confondre cette classe avec aucune autre : les oiseaux sont les seuls animaux portant des plumes et marchant sur deux jambes. Le nombre des oiseaux qui s'élève à plus de cinq mille espèces, est divisé en six ordres.

I. — LES RAPACES.

L'AIGLE.

L'aigle n'est ni le plus gros, ni le plus fort des oiseaux, ni même celui qui s'élève le plus haut dans les airs; mais c'est le plus courageux, celui qui a l'aspect le plus imposant et le moins de bassesse dans ses appétits. Sa taille atteint souvent un mètre, depuis son bec jusqu'à l'extrémité de sa queue : ses ailes ont plus du double d'envergure. Sa tête est petite, son bec recourbé est très-fort; ses pattes sont armées de serres puissantes qui peuvent enlever un poids considérable. L'aigle bâtit son nid sur les pics les plus élevés des mon-

La Grue.

tagnes, dans les endroits secs et inaccessibles : ce nid s'appelle une aire.

L'aigle est un oiseau d'un naturel intrépide et féroce. Il se nourrit de proies vivantes, dont il ne mange que certaines parties, et ne touche jamais aux cadavres. Lorsqu'il est poussé par la faim, il ne craint pas d'enlever des agneaux, des chevreaux, sous les yeux des bergers, et même les petits enfants qui s'écartent de leurs mères.

L'an dernier, en Norvége, un enfant de deux ans, fut enlevé par un aigle, au milieu du village.

En Irlande, il n'est pas rare de voir des aigles s'attaquer à des enfants de trois et quatre ans.

Les aigles habitent les hautes montagnes d'Europe. On en trouve en grand nombre dans les Alpes et dans les Pyrénées.

Ils sont difficiles à chasser. Les pâtres suisses parviennent quelquefois à s'emparer des jeunes aiglons; c'est une entreprise périlleuse, car si le père et la mère des oiseaux surprennent le ravisseur, il court le risque d'être déchiré, aveuglé, et jeté dans le précipice.

LE CONDOR.

Le condor est le plus fort, le plus grand et le plus vorace des oiseaux de proie; ses ailes déployées mesurent quelquefois quatre mètres. Son cou est entièrement nu; son bec et ses griffes sont d'une force extrême, et sa vue des plus perçantes.

Le condor attaque les moutons, les cerfs, les veaux, et même les chiens qui gardent les troupeaux.

Ces énormes oiseaux habitent l'Amérique méridionale, et y sont aussi redoutés que les loups dans notre pays.

Ces animaux sont très-méfiants et se tiennent toujours hors de la portée des armes à feu. Comme leur voracité est grande, et qu'ils se repaissent également de chair morte, on exploite leur appétit pour leur tendre des piéges et les détruire. A cet effet, on dépose le cadavre d'un animal au fond d'une vallée ; les condors se précipitent sur cette proie et s'en gorgent tellement qu'ils ne peuvent plus s'envoler ; les chasseurs embusqués profitent de ce moment, et les assomment à coups de bâton sur la tête.

Le condor fait son séjour habituel sur les pics les plus élevés des Cordilières, qui sont déjà à près de huit milles mètres au-dessus du niveau de la mer ; de là, il s'élance encore dans les airs et plane bien au-dessus de leurs repaires. C'est l'oiseau qui s'élève le plus dans l'espace.

LE VAUTOUR.

Le vautour est plus petit que l'aigle. On le trouve dans toutes les contrées chaudes de l'Asie, de l'Afrique et de l'Amérique. Ces oiseaux exhalent une odeur fétide, conséquence de leur régime alimentaire ; ils ne se repaissent que de charognes et d'ordures les plus dégoûtantes. A ce point de vue, ces rapaces rendent de grands services, puisqu'ils débarrassent la terre de ses immondices : Ils détruisent également une grande quantité d'œufs de crocodiles. Lorsque les vautours ne trouvent plus de cadavres, ils s'en préparent en tuant les animaux dont ils peuvent s'approcher.

Ces oiseaux sont d'autant plus redoutables, qu'ils vivent en société et réunissent leurs efforts lorsqu'il s'agit d'attaquer une proie. Quand ils rencontrent un gros animal, tel qu'un bœuf ou un chameau, ils se précipitent sur lui en grand nombre, lui crèvent les yeux et s'en rendent maître sans beaucoup de peine.

Les vautours dévorent leurs victimes sans toucher à la peau : ils entrent tout entiers dans le corps de l'animal, et le dissèquent si bien qu'il ne reste plus que les os et l'enveloppe.

LE SERPENTAIRE.

Ce singulier oiseau a la tête d'un oiseau de proie,

le corps d'un gallinacé et les jambes d'un échassier ;
il est gros comme un dindon et dépasse un mètre de
hauteur.

Le serpentaire est toujours en mouvement, il arpente
le sol à grands pas, et cette allure lui a fait donner le
surnom de messager ; cet oiseau ne déploie tant d'activité que pour donner la chasse aux reptiles et particulièrement aux serpents, qu'il coupe en deux à la naissance de la tête.

Le serpentaire n'est pas le seul oiseau qui nous délivre de ces dangereux reptiles, mais c'est le plus actif
et le plus vigilant : il semble n'avoir été créé que pour
accomplir cette mission.

LE HIBOU.

Le hibou est un rapace nocturne. Pendant le jour il
se tient caché dans le creux des arbres, dans les trous des
murailles ou dans les masures abandonnées ; il ne sort
que le soir, à l'heure où les jeunes lapins et les perdrix
vont chercher leur nourriture ; aussitôt qu'il aperçoit ces
innocentes créatures prendre leurs ébats, le hibou se
précipite sur elles et les déchire. A la faveur des ténèbres,
il pénètre dans les basses-cours et dans les colombiers
où il commet d'affreux ravages. La quantité de gibier que
ces oiseaux détruisent est incalculable ; comme ils dévorent en même temps un grand nombre de souris, on
pardonne à leurs déprédations.

Le cri du hibou est lugubre ; on entend souvent
retentir dans le silence de la nuit : houp ! houp ! houp !

ce sont ces oiseaux qui s'appellent pour partager quelque butin.

L'Effraie, La Chouette, Le Chat-Huant, Le Grand-Duc, sont également des rapaces nocturnes du même genre, et qui vivent de la même manière.

Les chasseurs, dans certains pays, se servent de la chouette pour attirer les petits oiseaux. On sait que, lorsqu'un de ces rapaces nocturnes, chassé de sa retraite par quelque accident, est obligé de voltiger pendant le jour, tous les petits oiseaux du canton se rassemblent et tombent à coups de bec sur l'oiseau de proie. Les chasseurs, au lieu d'admirer la solidarité de ces petits êtres qui se réunissent pour exterminer l'ennemi commun, exploitent ce sentiment : ils attachent une chouette par les pattes et tirent sur tous les oiseaux qui viennent voltiger autour de la prisonnière.

II. — LES PASSEREAUX.

LE ROSSIGNOL.

C'est dans la famille des passereaux que se trouvent les oiseaux chanteurs. Ces hôtes charmants de nos bois et de nos jardins, non-seulement nous charment par leurs ravissantes. mélodies, mais protégent encore nos vergers, nos vignes et nos plantations contre les insectes : ils les poursuivent dans les airs, les cherchent entre les brins d'herbe, sur la tige des fleurs, sous l'écorce des arbres et jusque sur le dos des bestiaux.

Peut-on croire que dans nos pays civilisés, on chasse, on emprisonne, on égorge ces indispensables auxiliaires de l'homme, qui peuvent vivre sans lui et sans lesquels il ne peut vivre ! Hélas! il faut l'avouer, l'Européen est à ce point coupable qu'il mange ses bienfaiteurs... Les peuples sauvages d'Afrique sont moins cruels et moins imbéciles ; ils se font des dieux des animaux utiles, et punissent de sévères châtiments quiconque frappe le flammant qui détruit les serpents venimeux, la mangouste qui casse les œufs de crocodile, et les petits oiseaux qui pourchassent les insectes.

La superstition de ces peuples ignorants est pardonnable, car elle procède d'un sentiment de reconnaissance ; mais comment excuser et même comprendre notre aveugle barbarie? C'est par milliers que l'on immole dans nos contrées les défenseurs de la richesse publique. La loi, qui est armée de verges terribles contre le malfaiteur qui dérobe un kilogramme de blé transformé en une miche de pain, regarde d'un œil impassible celui qui tue une mésange ou une fauvette ; et pourtant, celui qui tue cette mésange ou cette fauvette, vole plus de dix kilogrammes de blé à la fortune publique. Tout le monde sait cela, les législateurs aussi bien que les fermiers : Eh bien ! dans les campagnes, les paysans détruisent eux-mêmes leurs meilleurs amis, et les citadins encouragent les meurtriers, en mangeant le produit de leur chasse criminelle.

Ceci dit, occupons-nous du rossignol.

Ce n'est pas par son plumage que brille le rossignol : il n'a pas les riches couleurs des oiseaux d'Amérique, ni celles du paon ; ce n'est pas non plus par sa taille, ni par sa force qu'il est remarquable, puisqu'il est moins gros et moins robuste que le moineau. Ce qui fait la supériorité du rossignol, c'est son admirable talent de chanteur ; il efface tous les autres oiseaux par les modulations flexibles de sa voix, par la durée de ses accords et la variété de ses mélodies. Ce qui le rend particulièrement aimable, c'est qu'il ne chante qu'à la fin du jour, alors que la nuit et le silence invitent au recueillement.

Le rossignol, comme s'il recherchait des auditeurs capables d'apprécier son mérite, établit toujours son domicile dans le voisinage de l'homme. Tous les soirs, durant le mois de mai, époque où sa femelle couve, il donne les plus jolis concerts ; c'est pour la charmer durant ses longues heures d'immobilité, qu'il fait éclater ses notes les plus expressives.

Cet oiseau ne chante guère que pendant le printemps : il commence en avril et finit au mois de juin.

A partir de cette époque, on ne l'entend plus et, quand vient l'automne, il disparaît de nos climats. Le rossignol s'apprivoise facilement et, dans la captivité, n'interrompt ses vocalises que durant deux ou trois mois de l'année ; son chant perd alors de son originalité, car, étant fort souple, sa voix imite et s'approprie les refrains de tous les autres oiseaux chanteurs.

Le rossignol se nourrit de chenilles, de larves d'insectes, de pucerons, etc. Il vit solitaire avec sa compagne et ne va pas par bandes, comme la plupart des autres oiseaux ; il se cache dans les buissons durant le jour ; chasse pour lui et sa femelle, et termine sa soirée et faisant éclater ses accords charmants.

LA FAUVETTE.

La fauvette est l'émule du rossignol, et, de même que ce dernier, son plumage est sans éclat.

La fauvette à tête noire, quand elle couve, se laisse approcher et même caresser sur son nid ; son regard expressif semble implorer la pitié. Elle se nourrit d'insectes, comme tous les oiseaux appartenant à la catégorie des becs fins.

LA MÉSANGE.

La mésange est le plus joli de tous nos petits oiseaux : son plumage est d'un bleu tendre, mélangé de bleu foncé et relevé de bandes noires ; ses ailes sont variées de bleu, de blanc et de vert; sa tête est noire et ses ailes couleur de plomb. Elle construit son nid avec beaucoup d'art et montre un grand courage quand on attaque sa couvée. Elle se nourrit de fruits et d'insectes, et fait entendre un gentil gazouillement.

LA BERGERONNETTE.

On voit cet oiseau, au retour du printemps, courir dans les prairies et dans les champs nouvellement cultivés, pour y chercher des vers, larves de hannetons, et autres insectes dont elle fait sa nourriture. Quand le laboureur creuse les sillons, la bergeronnètte le suit, pas à pas, et dévore tous les insectes qu'elle aperçoit ; elle fait plus, elle se perche sur le dos des moutons et poursuit au milieu de leur laine, les parasites qui tourmentent ces animaux.

Cet oiseau familier ne fait entendre qu'un ramage insignifiant.

LA LINOTTE.

Aimable chanteuse, moins brillante que le rossignol, mais peut-être plus douce, la linotte égaye nos vergers par le charme de ses mélodies. La femelle construit son nid dans les haies et dans les buissons. Ces oiseaux vivent en société et vont de compagnie s'abattre dans les champs de lin dont ils mangent les graines; ils dévorent également beaucoup d'insectes, particulièrement des sauterelles et des hannetons.

LE ROUGE-GORGE.

Le rouge-gorge est remarquable par la légèreté et la délicatesse de son chant et la variété de son plumage;

sa tête et le dessus de son corps sont bruns, mêlés de vert pâle; le cou et la gorge sont rouge orange; ses jambes et ses pieds de couleur presque noire; le bec est blanc. Le rouge-gorge passe l'été dans les bois; il place son nid par terre, sur des racines, et le dissimule sous un amas de feuilles sèches.

LE CHARDONNERET.

Ce charmant petit oiseau est recherché pour la beauté de son plumage et l'agrément de son chant. Il est bien connu de nos jeunes lecteurs, car c'est l'oiseau qui supporte le mieux la captivité et qui se montre le plus docile. On le voit dans sa cage, tirant l'eau qui doit l'abreuver et le seau qui contient sa nourriture. En liberté, il se nourrit d'insectes, de vers et de mouches, et surtout de graines de chardon qu'il semble préférer à toute chose.

On prétend qu'il peut vivre vingt ans.

Le pinson, le moineau, le chardonneret, etc., ne sont pas des becs fins; ils mangent également des fruits et des grains; néanmoins, le tribut qu'ils prélèvent sur nos vergers est bien peu de chose en comparaison des services qu'ils rendent. Un seul moineau détruit des milliers de hannetons; le pinson fait la guerre aux gros scarabées : ainsi des autres.

On raconte qu'un roi, très-autocrate, voulant proscrire les moineaux de ses États, parce qu'ils picotaient les cerises de ses vergers, avait offert cinq centimes par tête de moineau. Les paysans donnèrent la chasse à ces oiseaux pour gagner la prime, et bientôt le canton fut

dépeuplé. L'année suivante, non-seulement on ne ré-
colta ni cerises, ni aucune espèce de fruits, mais il ne
poussa pas une feuille sur les arbres : les chenilles
avaient tout ravagé. Ce despote, qui faisait plier son

peuple, fut obligé de plier lui-même devant d'infimes
oisillons; il rappela les exilés, paya une prime de dix
centimes par tête de moineau vivant, et put dès lors se
régaler de cerises.

L'HIRONDELLE.

La messagère du printemps, la familière hirondelle, est l'oiseau que nous connaissons le mieux et que
nous aimons le plus, autant par la confiance qu'il nous
témoigne, que pour les services qu'il nous rend.

On sait que cet oiseau vient bâtir son nid près et dans la demeure de l'homme; il s'empare du coin des fenêtres, se loge sous l'abri des toitures et entre dans les maisons, si quelque ouverture lui en permet l'accès. Ce nid est composé de terre gâchée avec de la paille, du crin, et des petits morceaux de bois : c'est une véritable maçonnerie, capable de résister à la rigueur des hivers; aussi ce nid sert-il à plusieurs générations, et l'hirondelle, à chaque nouveau printemps, trouve-t-elle un gîte tout prêt à la recevoir.

Tous les ans les hirondelles quittent nos climats. Elles s'assemblent vers la fin de septembre, forment des groupes nombreux, semblent délibérer et partent toutes à la fois. Elles vont s'établir dans les parties méridionales de l'Europe, dans le nord de l'Afrique et en Arabie.

Les hirondelles se nourrissent d'insectes qu'elles happent en volant; c'est pourquoi on les voit souvent raser la surface des eaux, où elles se plongent à demi, pour y poursuivre les insectes aquatiques.

Le gazouillement de ces oiseaux est des plus agréables; c'est moins un chant qu'un ramage : on aime à l'entendre parce qu'il n'est point importun.

L'hirondelle qui vit sous le toit de l'homme ne saurait supporter la servitude; elle veut bien être son amie, mais non son esclave.

On compte plus de trente espèces d'hirondelles.

La Salangane, qui habite la Chine, est celle qui façonne les fameux nids connus des gastronomes; ces nids, composés avec de la moelle de certaines plantes et du frai de poisson, sont de substance gélatineuse et comestible. Après avoir subi un nettoyage particulier, on les fait dissoudre dans du bouillon, en guise de tapioca; on en bourre le corps des volailles; on les fait cuire sous la cendre, et, de toute manière, ce mets est délicieux, paraît-il.

Les nids de salanganes se trouvent en très-grand nombre dans les îles de l'archipel indien et font l'objet d'un commerce important. Les Chinois s'en montrent très-friands. Les Européens ne semblent pas les goûter, puisque l'on n'en voit sur aucune table. Ces nids sont ordinairement fixés aux parois des rochers et dans les cavernes qui bordent la mer. A Java et à Sumatra, ces cavernes sont tellement profondes qu'on ne peut y descendre qu'à l'aide d'échelles de cordes. Il y a des nids de plusieurs qualités; ils sont estimés suivant leur transparence et leur couleur. On prétend que les Chinois achètent certains nids au poids de l'argent.

LE COLIBRI.

Dans chaque classe d'animaux se trouvent des géants et des nains. Si parmi les oiseaux l'autruche occupe le premier rang par les dimensions extraordinaires de sa taille, le colibri doit être placé au dernier échelon par l'exiguïté de la sienne : qu'on s'imagine un oiseau pas plus gros qu'une noisette ! cet oiseau paraîtrait fabuleux si on ne le voyait pas en quantités considérables dans les champs de l'Amérique, voltigeant de fleur en fleur, comme les papillons.

Le colibri est aussi joli qu'il est mignon : son plu-

mage est nuancé de mille couleurs; il porte sur la tête
une crête verte et dorée si brillante, qu'aux rayons du
soleil, elle éblouit comme un diamant. Son vol est si
prompt qu'on ne peut le suivre; le battement de ses
ailes est si vif que, lorsqu'il plane, il semble immobile
dans les airs; quand il voltige, on croirait voir des
émeraudes, des rubis, ou plutôt des fleurs animées.

Le colibri, qu'on appelle aussi oiseau-mouche, aurait dû être surnommé oiseau-papillon, car il a plus
d'un rapport avec cet insecte : non-seulement il voltige
de fleur en fleur, mais encore se nourrit, comme lui,
du suc de ces fleurs.

Le nid que construit cet oiseau n'est pas plus gros
que la moitié d'un abricot, et présente à peu près cette
forme; il le place entre deux feuilles d'oranger ou sur
un brin de liane pendant d'une branche à l'autre. Ce
nid, fait de bourre soyeuse, contient ordinairement
deux œufs gros comme des pois; le mâle et la femelle
les couvent tour à tour pendant douze jours et le
treizième, lorsque les petits éclosent et sortent de leurs
coquilles, ils sont si frêles et si délicats, qu'on les
prendrait pour les insectes dont ils portent le nom.

La mère élève ses nourrissons en leur donnant
à sucer sa langue, toute emmiellée du suc tiré des
fleurs, et chargée d'œufs d'insectes.

L'ÉCORCHEUR.

Cet oiseau, qui n'est pas plus gros qu'un étourneau,
se nourrit de chair et d'insectes. Son bec crochu est
bien fait pour déchirer, mais ses griffes ne lui permet-

tent pas de saisir : c'est pourquoi il est obligé de recourir
à la ruse pour s'assurer du produit de sa chasse. Chaque
fois qu'il s'empare d'un insecte, il le fixe sur une épine
en lui transperçant le corps ; il n'est pas rare de voir
autour de son domicile une foule d'insectes et de petits
oiseaux ainsi cloués sur des épines ; ce sont ces habitudes, passablement cruelles, qui lui ont valu le nom
d'écorcheur.

L'OISEAU DE PARADIS.

Cet oiseau est l'enfant gâté de la nature. Il possède
toutes les beautés, toutes les grâces, toutes les séduc-
tions : il éblouit les yeux par l'éclat de son plumage, il
charme par la légèreté de ses mouvements, il séduit
par sa voix mélodieuse. On dirait que le créateur en
dotant cet oiseau de toutes les magnificences, a voulu
le rendre particulièrement cher à l'homme et le placer
sous sa protection. Malheureusement, ce roi du monde
ne sait pas encore user de son pouvoir, et il frappe indifféremment ses amis et ses ennemis. Les habitants de
la Nouvelle-Guinée font une guerre impitoyable aux
oiseaux de paradis, pour s'emparer de leur plumage,
dont s'affublent les femmes de tous les pays.

Il est impossible à l'imagination la plus heureuse
de concevoir rien de plus gracieux, de plus élégant, de
plus poétique que cet oiseau : lorsqu'il voltige de
branche en branche en étalant son plumage vaporeux,
on croirait voir une de ces créatures fantastiques qui
se présentent parfois dans nos rêves. Les plumes dont
il est paré semblent être faites avec de la gaze la plus

légère : partant au-dessous des ailes et se prolongeant
bien au delà de la queue, ces plumes forment une
espèce de panache aérien ; deux filets, noirs longs et
flexibles, s'échappent de ce panache en affectant les
courbures les plus gracieuses. La longueur de ce plumage et sa consistance floconneuse, empêchent l'oiseau
de voler quand il fait du vent; aussi est-il obligé de s'élever perpendiculairement dans les plus hautes régions
de l'atmosphère, pour y trouver le calme qui lui est
nécessaire. Lorsqu'il voyage sur la terre pour y chercher les épices dont il se nourrit, et qu'il voltige entre
les arbres, on dirait qu'il nage dans un amas d'écume
ou dans un nuage de fumée.

Les couleurs de ces oiseaux sont vaporeuses comme
son plumage, excepté la gorge qui est d'un vert éme-
raude brillant. La tête et le cou sont d'un jaune pâle;
la poitrine et le ventre sont bruns; les ailes couleur
noisette et les longues plumes de sa fausse queue sont
blanches, mêlées de filets gris, ce qui leur donne une
teinte incertaine et nébuleuse. En somme, rien n'est
plus admirable que cet oiseau, rien n'est plus idéal, et
les naturalistes lui ont donné son véritable nom en l'ap-
pelant oiseau de paradis.

III. — LES GRIMPEURS.

LE PERROQUET.

Les variétés sont nombreuses dans cette tribu d'oiseaux. La plupart ont de très-vives couleurs et plusieurs se font remarquer par la facilité avec laquelle ils

imitent la voix de l'homme. Lorsqu'ils ont été apprivoisés de bonne heure, ils retiennent facilement tout ce qu'on veut leur apprendre. On cite des perroquets qui chantaient plusieurs chansons, et qui demandaient tout ce dont ils avaient besoin. Les perroquets font mieux que parler, ils imitent les inflexions de voix et le ton de leur instituteur, et cette particularité cause parfois les surprises les plus étranges.

La sœur de Buffon avait un perroquet qui se parlait souvent à lui-même et qui semblait croire répondre à quelqu'un ; quand il se demandait la patte, il la tendait à la personne supposée ; quand il se demandait : Jacot, comment vas-tu ? il répondait : Je suis malade, et se couchait sur le dos.

Un de ces perroquets jaseurs avait appris cette phrase qu'il répétait sur plusieurs tons : Je le dirai, je le dirai. Un jour, un voleur pénétra dans l'appartement, pendant l'absence du maître, et s'empara de plusieurs objets précieux ; le perroquet qui se trouvait sur le balcon, répéta sa phrase favorite ; le voleur, épouvanté, abandonna son butin et se sauva à toutes jambes, bien persuadé qu'il allait être poursuivi.

Nous avons connu un perroquet qui plus d'une fois fit rougir certain particulier. On avait appris à dire à cette oiseau : As-tu payé tes dettes? C'est le même qui, chaque matin, répétait à sa voisine, femme prétentieuse et ridicule : Bonjour, vieille coquette.

Tous les perroquets sont originaires des pays chauds; l'Afrique, l'Amérique méridionale et les Indes orientales sont remplies de ces oiseaux.

Le Perroquet cendré et l'Ara vert qu'on trouve au

Brésil et à la Jamaïque, sont ceux qui s'apprivoisent le mieux et qui paraissent éprouver le plus d'attachement pour leurs maîtres ; mais ils se montrent extrêmement jaloux, et ne peuvent voir caresser un autre animal, ni même un enfant, sans manifester leur ressentiment par des cris et des battements d'ailes.

La petite PERRUCHE VERTE, qui n'est guère plus grosse qu'un moineau, nous vient également des îles et se trouve en abondance à Java. Ces perruches vivent en troupe nombreuse, pillent les vergers et les moissons et font des dégâts considérables.

IV. — LES GALLINACÉS.

LE PAON.

Le paon est le plus bel oiseau de nos basses-cours. C'est par les jolis dessins qui ornent son plumage, par l'éclat et la richesse de ses couleurs, plus que par la légèreté de ses formes que brille cet oiseau. Ce plumage recèle toute la gamme des verts et toutes les nuances des bronzes. Sa tête est parée d'une aigrette en forme de diadème ; sa queue est composée de plumes d'une longueur extraordinaire : chaque tige est garnie de filets souples et coloriés, et se termine par une plaque sur laquelle brille une auréole noire, rehaussée de rayons dorés. Le paon se plaît à déployer et à replier cette queue, comme on fait d'un éventail. Quand elle est développée et que le soleil l'éclaire, ses reflets métalliques éblouissent les yeux et provoquent l'admiration.

Le paon est originaire des Indes et s'est acclimaté dans nos pays depuis les temps les plus reculés ; il ne vit chez nous qu'à l'état domestique et ne sert que d'ornement.

Le paon semble avoir le sentiment de sa beauté,

car aussitôt qu'on le regarde, il aime à étaler la richesse de son écrin.

La femelle du paon est sans éclat. Elle va pondre dans les endroits les plus écartés et loin des yeux du mâle. Ce n'est qu'au bout d'un mois, lorsque la crête commence à pousser sur la tête des jeunes paoneaux, que le mâle les reconnaît pour siens ; jusqu'à ce moment, il les poursuit comme étrangers, les maltraite et les tue bien souvent.

12.

LE COQ.

Il serait difficile de retrouver le coq dans son état sauvage ; on dit pourtant qu'il existe encore dans certaines forêts de la Guyane.

Le coq est le roi de nos basses-cours, autant par la

noblesse de ses allures, que par son grand courage. S'il aperçoit un ennemi, il accourt l'œil en feu, les plumes hérissées, et lui livre un combat terrible. Le coq n'est pas seulement roi, il est despote, gouverne en maître, et n'épargne pas les coups de bec pour réduire ses sujets à l'obéissance — ces sujets sont des poules, comme on ne l'ignore point. — Le coq, en sa qualité de monarque absolu, ne peut supporter de rival et ne saurait obéir. Chaque coq a donc son peuple à part qu'il gouverne suivant ses caprices et ses fantaisies. Il faut reconnaître qu'il se montre vigilant, actif, prévoyant ; qu'il sait trouver la nourriture pour ses compagnes, et les défendre contre le danger : ou a vu un coq se battre contre un faucon et le forcer à la retraite.

Depuis l'antiquité, on a exploité le courage de cet oiseau pour amuser le peuple, et les combats de coqs sont encore en usage aujourd'hui chez certaines nations.

La poule est très-féconde ; elle donne à peu près quatre œufs par semaine. Cet oiseau, qui est timide et borné en temps ordinaire, devient ingénieux et hardi quand il s'agit de défendre sa couvée.

LE PIGEON.

Cette espèce forme la tribu la plus considérable des oiseaux. On en connaît plus de cinquante variétés. Dans nos pays, où les pigeons ne vivent qu'à l'état domestique, leur nombre est assez restreint, mais dans l'Amérique du Nord, qu'ils habitent, leur quantité est presque fabuleuse. Il n'est pas rare de voir, lors de la migration de ces oiseaux, des bandes de pigeons composées de plusieurs millions d'individus. Ces colonnes se succèdent à d'assez courts intervalles et sont tellement serrées, qu'elles interceptent la lumière du soleil : leur passage dure souvent quatre jours et plus. C'est dans les bois que ces oiseaux établissent leur demeure ; une seule bande occupe une forêt tout entière, et, quand ces pigeons y sont restés pendant quelque temps, leur fiente forme sur le sol une couche de plusieurs centimètres d'épaisseur, sur une étendue de plusieurs milliers d'hectares; les arbres sont complétement dépouillés de leurs feuilles et de leurs menues branches; beaucoup périssent et les traces du passage de ces oiseaux ne s'effacent souvent qu'après plusieurs années.

Pendant le passage des pigeons, les populations rurales sont sur pied et leur font la chasse; c'est par milliers qu'on les détruit, et par voiture qu'on les ramasse.

Le pigeon a le vol très-rapide. On se sert de l'espèce dite, pigeon voyageur, pour le transport des dépêches.

V. — LES ÉCHASSIERS.

L'AUTRUCHE.

L'autruche est le plus grand, le plus gros et le plus fort des oiseaux. Grâce au développement de son cou, il dépasse trois mètres de hauteur. Ce cou nu, long et flexible, supporte une très-petite tête. Les cuisses et les flancs de cet oiseau sont dénudés; son corps est couvert de plumes différentes les unes des autres; celles de la queue et du dessous des ailes sont longues et flottantes; celles des ailes ne sont que des rudiments et ne permettent pas à l'oiseau de se soutenir dans les airs.

Les autruches n'habitent que les déserts brûlants de l'Asie et de l'Afrique; elles vivent par troupes de quarante à cinquante, et on les voit souvent paître à côté de la gazelle et du zèbre. La femelle dépose ses œufs dans un large trou creusé dans le sable ; plusieurs femelles pondent dans le même nid et couvent alternativement ; elles ont soin de placer à côté de ce nid, d'autres œufs destinés à servir de première nourriture aux petits qui doivent sortir des œufs couvés.

On chasse l'autruche pour s'emparer de son plumage, qui est très-recherché. Les Arabes excellent dans cet exercice : montés sur leurs légers chevaux, ils la poursuivent dans le désert, et cette poursuite dure souvent plusieurs jours ; lorsque , vaincu par la [fatigue, l'oiseau se voit sur le point d'être atteint, il se couche, cache sa tête dans le sable et se résigne à son malheur. L'autruche n'est cependant point dépourvue de tout moyen de défense : ses jambes sont tellement robustes que, d'un coup de son pied, elle peut éventrer un chien ; son bec est de force à casser le bras d'un homme, et les blessures qu'elle fait avec les tronçons de plumes qui garnissent ses ailes, sont des plus dangereuses.

Les autruches s'apprivoisent facilement, mais il est difficile d'utiliser leur force et leur agilité, à cause de leur naturel insoumis. Les Arabes les élèvent pour leur plumage précieux et pour leurs œufs, qui sont un excellent manger. Cet animal se nourrit de végétaux et d'herbe, qu'il broute à la mode des oies. Son gosier est pourvu de muscles si forts, qu'il se remplit l'estomac de toutes sortes de substances : il avale des cailloux, du bois, du fer, de la corde, du verre, etc.; tout lui est bon, et l'on a vu une autruche arracher des mains d'un curieux, une montre, et l'avaler à l'instant.

LE CASOAR.

A voir cet oiseau au maintien sauvage, on le croirait féroce et sanguinaire ; l'espèce de crête osseuse, en forme de casque, qui surmonte sa tête, ajoute encore à son aspect farouche. Cette apparence est trompeuse ; le casoar est timide et ne recherche pas les combats.

Cet animal mesure environ un mètre cinquante centimètres : sa tête est nuancée de bleu, de rouge et de blanc; ses jambes sont très-grosses, ainsi que ses pieds. Son corps est couvert de plumes particulières, toutes de la même espèce : ces plumes sont terminées par des filets durs, assez longs et de couleur noire; ces filets sont couchés suivant le corps de l'animal, et, à première vue, on les prendrait pour du poil ou plutôt pour du crin. On ne lui voit point d'ailes; il n'en a que des rudiments, mais ces rudiments sont terminés par cinq piquants, plus grands et aussi durs que ceux du porc-épic.

Le casoar ne se sert pas de son bec pour se défendre, et ne fait usage que de ses pieds. Quand il combat, il s'élance sur son adversaire et lui décoche des ruades à la manière du cheval. Il est aussi vorace que l'autruche et avale tout ce qui peut passer par l'ouverture de son bec sans en paraître incommodé. Sa nourriture principale consiste en herbes et en végétaux de toutes espèces ; dans l'état de servitude, on lui donne du pain, dont il se montre très-avide.

Le casoar est originaire de l'Asie centrale.

LE FLAMMANT.

De toute la tribu des échassiers, c'est le flammant qui a les plus longues jambes et le plus long cou. Quoique cet oiseau ne soit pas plus gros qu'une oie, il n'en dépasse pas moins deux mètres de hauteur, lorsqu'il a le cou tendu. Ses pattes sont minces comme des roseaux ; sa tête se termine par un bec tellement crochu qu'il semble plié en angle droit; ses pieds sont palmés comme ceux des oiseaux palmipèdes; son plumage varie du rose pâle au rouge écarlate. Sa nourriture principale consiste en poisson et en mollusques qu'il va chercher assez avant dans les rivières. Le bec de cet oiseau lui permet d'aller fouiller sous les pierres et sous les plantes aquatiques.

Il habite les contrées les plus désertes de l'Afrique, et de l'Amérique, et vit en société.

On voit souvent sur le bord des lacs, un nombre considérable de flammants reposés sur une seule jambe ; cela produit de loin l'effet d'un régiment d'infanterie anglaise.

Les flammants construisent leur nid dans les marais. Ce nid est élevé du sol et à la forme d'un cône tronqué ; c'est dans le haut de ce cône que la femelle dépose ses œufs, au nombre de deux : lorsqu'elle couve, elle étend ses jambes dans l'eau et s'assied sur son nid. . Certains peuples d'Afrique ont cet oiseau en telle vénération, qu'ils punissent de mort quiconque lui fait du mal.

LA CIGOGNE.

Cet oiseau est à peu près de la grosseur du précédent, mais il n'a ni les jambes ni le cou aussi longs : il mesure tout au plus un mètre trente centimètres de hauteur. Son bec, de couleur rouge, est grand de vingt centimètres ; son plumage est blanc, à l'exception des ailes qui sont noires.

La cigogne recherche la société de l'homme ; elle fréquente les villes et bâtit son nid sur les cheminées. On la voit se promener dans les champs et dans les villages pour y chercher les souris, les grenouilles, les serpents, etc., dont elle se nourrit.

Dans certaines contrées d'Égypte et d'Arabie, ces oiseaux sont la providence des moissons : les souris et les rats abondent tellement dans ces régions que, si les cigognes ne les détruisaient pas, on n'obtiendrait aucune récolte. En France la loi protége ces oiseaux bienfaisants et les Mahométans punissent très-sévèrement ceux qui cherchent à leur nuire.

Tous les ans, aux premiers beaux jours, les cicognes arrivent dans les provinces du nord de la France, de la Belgique, de la Hollande, etc., pour y bâtir leurs nids. Généralement elles reviennent aux mêmes lieux et rentrent dans leur ancien domicile, s'il n'a pas été trop endommagé par les intempéries de la saison d'hiver.

Le départ des cigognes s'opère d'une manière très-régulière et avec beaucoup d'ordre. Quelques jours avant cette époque, on les voit s'assembler sur les maisons et sur les édifices ; là, elles semblent se reconnaître, se compter et délibérer ; après avoir fait quelques excursions dans les environs, comme pour essayer leurs ailes, elles disparaissent tout à coup et s'envolent en silence. Ce départ s'effectue presque toujours pendant la nuit. A Strasbourg, le jour fixé pour le départ de ces oiseaux est le 15 août : le 16, on ne voit plus une seule grosse cigogne sur les cheminées.

Les cigognes, en quittant nos climats, se rendent en Arabie et en Égypte, où elles jouissent d'un second été et font une nouvelle couvée. On les voit passer en nombre si considérable, au moment de leur migration, qu'elles forment dans l'air des colonnes de vingt kilomètres de longueur sur une largeur de cinq ou six cents mètres : elles volent toujours fort haut et pendant très-longtemps. La colonne est composée de deux bandes, placées comme les deux côtés d'un triangle; le sommet de ce triangle est occupé par un seul conducteur qui sert de guide à la compagnie : quand ce guide est fatigué, il cède la place à l'oiseau qui le suit, et va se ranger à la queue de la colonne.

Malgré son affection pour l'homme, cet oiseau ne consent pas à lui sacrifier sa liberté : lorsque des cigognes sauvages rencontrent une des leurs, réduite à la captivité, elles se précipitent sur elle et la tuent à coups de bec.

Le Marabou est une variété de la cigogne. Il en diffère par son bec énorme qu'il fait claquer comme des castagnettes.

Les marabous habitent le Sénégal et l'Inde.

Chandernagor et Calcutta nourrisent un grand nombre de ces oiseaux qui se rendent très-utiles en dévorant toutes les immondices qui se trouvent dans les rues. Ces oiseaux sont placés sous la protection de la loi, et une amende de plusieurs centaines de francs est infligée à celui qui les maltraite.

L'AGAMI.

Dans toutes les classes d'animaux on trouve des individus qui se font remarquer par quelque bizarrerie, soit dans la forme, soit dans le caractère : l'agami est de ce nombre. A l'état sauvage, cet oiseau habite les montagnes et les tertres élevés des plus chaudes contrées de l'Amérique. Réduit à la domesticité, il se montre un serviteur plus que dévoué, et sa familiarité devient parfois tellement importune et tyrannique qu'on est obligé de s'en défaire.

Cet animal, qui n'est pas plus gros qu'un dindon, est le plus courageux des oiseaux ; il ne recule devant aucun être vivant, quelles que soient sa taille et sa force : il ne craint ni le chien ni l'homme, avec lesquels il vit, et les domine par sa ténacité.

Quand il a pris possession d'une maison, l'agami ne supporte aucun hôte étranger et tolère à peine les amis de son maître : lorsqu'il entre dans la salle à manger, il chasse d'abord les chiens et les chats avant de rien demander, ensuite il vient hardiment tendre le bec ; si on tarde à lui donner quelque chose, il se fâche et, sans ouvrir la bouche, fait entendre un bruit semblable à celui du cornet à bouquin.

Quand un de ces oiseaux a pris quelqu'un en amitié, il l'accompagne partout, à la campagne ainsi qu'à la ville, et l'attend à la porte comme pourrait le faire le chien le mieux dressé. Il recherche les caresses ; à chaque instant, il vient présenter son cou pour se faire gratter, et sa persistance finit toujours par importuner.

On a utilisé le courage et la fidélité de l'agami. Certains propriétaires le dressent à la garde des troupeaux. L'agami accomplit ce devoir avec une extrême vigilance et une autorité absolue.

On cite un particulier du Mexique qui faisait garder un troupeau de chevaux par un seul agami, et l'on assure que cet oiseau remplissait ses fonctions aussi bien que l'aurait pu faire un berger, accompagné de plusieurs chiens.

LE KAMICHI.

Le kamichi est plus gros que le cygne. C'est un oiseau qui ne vit que de proie, comme la cigogne. Sa tête est surmontée d'une corne plantée au milieu du front et longue de six centimètres; il porte, en outre, sur chacune de ses ailes deux éperons aigus et triangulaires, dirigés en avant lorsque l'aile est pliée. Ses ongles sont également longs et pointus. Un cri terrible achève de donner à cet oiseau l'apparence la plus formidable. Le mâle et la femelle ne se quittent jamais : si l'un des deux succombe, l'autre ne tarde pas à le suivre.

Le kamichi habite les savanes inondées de l'Amérique septentrionale.

LA SPATULE.

Le bec de cet oiseau est des plus curieux ; il est aplati dans toute sa longueur; l'extrémité s'élargit et se termine par deux plaques arrondies, deux fois aussi larges que le corps du bec lui-même : ces plaques ont tout à fait la forme des spatules dont se servent les pharmaciens.

Ces oiseaux se nourrissent de reptiles et en détruisent un grand nombre dans les environs du cap de Bonne-Espérance; ils sont très-familiers et courent dans les villages, sans redouter la présence de l'homme; il faut ajouter que les nègres vénèrent cet utile animal autant que les anciens Égyptiens vénéraient l'ibis, et que sa présence dans une maison est regardée comme un présage heureux.

La spatule mesure un mètre de hauteur et n'est pas plus grosse qu'une oie. Elle fait son nid en Europe, sur le sommet des arbres, voisins de la mer, et se rend ensuite dans les pays méridionaux : certains villages de Hollande reçoivent chaque année un grand nombre de ces oiseaux.

L'AVOCETTE.

La conformation du bec des oiseaux est appropriée à leur genre de nourriture. L'avocette, par exemple, qui ne vit que du frai de poisson, possède un bec long de dix centimètres, étroit et recourbé en arc de cercle, la pointe en haut. Cette particularité ne se remarque que chez cet individu. D'après la forme de ce bec, il est évident que l'oiseau ne peut se nourrir que de substances molles, et qu'il est obligé de plonger son bec pour les saisir en dessous et les enlever.

L'avocette a la taille d'un pigeon. Ses jambes sont hautes et sa démarche ne manque pas de noblesse.

Elle habite les plages de l'Océan.

LE SAVACOU.

Le savacou nous offre un troisième exemple de la bizarre conformation de certains becs d'oiseaux. Nous venons de voir le bec en spatule de l'oiseau de ce nom et le bec en arc de l'avocette, voici maintenant le savacou qui nous présente un bec en forme de cuiller ;

les deux mandibules du bec de ces oiseaux sont ren-
flées au milieu et terminées en pointe : on dirait deux
cuillers appliquées l'une sur l'autre, la partie convexe
en dehors.

Le savacou appartient à la tribu des hérons et vit
dans les savanes de la Guyane et du Brésil.

L'HUITRIER.

Pour en finir avec les becs singuliers, citons celui
de l'huîtrier. Cet oiseau possède un bec en forme de
hache qui lui permet d'ouvrir les huîtres, les moules et
toutes sortes de coquillages et d'en tirer les habitants,
dont il fait sa nourriture.

Cet oiseau est gros comme un pigeon. On le rencontre sur les côtes d'Europe.

VI. — LES PALMIPÈDES.

LE CYGNE.

Lorsqu'on voit le cygne marcher d'une façon si bur-
lesque, on ne peut s'imaginer que c'est le même oiseau
qui fend les ondes avec tant de grâce et de noblesse :
autant il est lourd, gauche et épais sur terre, autant
il est léger, élégant et souple dans l'eau ; lorsqu'il
marche, il semble boiter des deux côtés ; son corps
énorme, qui pèse quelquefois quinze kilogrammes,
repose sur des jambes fort courtes que terminent de
larges pattes, entièrement palmées ; il paraît difforme
et son extérieur n'a rien de séduisant. Lorsqu'il nage,

tout change et l'on croirait voir un autre animal : il glisse sur l'eau, comme un traîneau sur la glace, et l'on ne peut trop admirer la souplesse de ses mouvements, les molles ondulations de son cou, la grâce de ses attitudes et l'élégance de ses formes.

Le cygne n'est pas glouton; il se nourrit de blé, de graines, de racines et de plantes aquatiques. La femelle couve ses œufs pendant deux mois et les petits demeurent au moins une année avant d'avoir atteint leur complet développement. C'est l'oiseau qui est le plus long à se former; aussi la durée de son existence répond-elle à celle de son accroissement : on assure que le cygne peut vivre pendant un siècle.

Le cygne sauvage est moins gros que le précédent; il habites les contrées septentrionales. Il existe une telle différence entre ces deux oiseaux, qu'on ne supposerait jamais qu'ils appartiennent à la même espèce.

LE FOU.

Cet oiseau doit son nom à sa stupidité.

L'instinct de conservation, si développé chez la plupart des animaux, lui fait complétement défaut, et aucun danger ne peut l'émouvoir.

Ces oiseaux, répandus dans toutes les Antilles, habitent en grand nombre le rivage de la mer; l'approche de l'homme ne les fait pas fuir; on les assomme à coups de bâton, sans qu'ils manifestent la moindre frayeur. On peut les tuer les uns à côté des autres, les renverser, marcher dessus, sans les faire sortir de leur calme imperturbable; ils restent là comme s'ils étaient empaillés. Ces oiseaux sont grands et forts, ils sont armés d'un bec robuste, leurs pattes sont entièrement palmées ; ils seraient donc parfaitement en état de se défendre ou de fuir : pourquoi ne le font-ils pas ?

LA FRÉGATE.

En s'occupant des fous, on ne peut se dispenser de parler de la frégate.

Après le condor qui s'élève à plus de huit mille mètres au-dessus du niveau de la mer, la frégate est l'oiseau qui possède le vol le plus puissant ; c'est elle qui vole le plus haut, le plus longtemps et qui s'éloigne le plus de la terre ; on la rencontre à quatre cents lieues des côtes : balancé sur des ailes d'une prodigieuse longueur, cet oiseau semble nager dans les airs.

La frégate est grosse comme un dindon. Elle est extrêmement vorace et enlève au passage tous les poissons volants qui s'élancent hors de la mer. Elle pêche le moins souvent possible, s'empare de la proie des autres et profite surtout de la stupidité du fou. Quand ce dernier vient de saisir une proie, la frégate se précipite sur lui, et, à coups de bec et d'ongles, l'oblige à dégorger cette proie, dont elle s'empare aussitôt. Les fous sont les pourvoyeurs ordinaires de la frégate, mais ne sont pas les seuls. La voracité de cet oiseau, son audace, son agilité, lui ont valu le nom de pirate, sous lequel on le désigne souvent.

La frégate se tient entre les deux tropiques.

L'EIDER.

L'eider est une espèce de canard deux fois aussi gros que le canard commun; il bâtit son nid sur les rochers qui bordent la mer du Nord. C'est l'eider qui donne ce duvet si chaud et si léger qu'on appelle édredon; il l'arrache de sa poitrine pour en tapisser l'intérieur de son nid. Les habitants du pays recueillent ce précieux duvet, qui fait l'objet d'un commerce important.

La peau de cet oiseau est employée comme fourrure, dans certaines contrées.

LE CANARD.

La tribu des canards est fort nombreuse : on compte au moins dix sortes de canards domestiques et plus de vingt sortes de canards sauvages.

Les canards sont très-faciles à élever; ils se nourrissent à peu près seuls, et savent trouver leur pâture dans les mares et les ruisseaux. Leur voracité peut être comparée à celle du porc et du rat, car ils sont omnivores comme ces derniers, c'est-à-dire qu'ils mangent de toutes substances alimentaires : ils dévorent indifféremment le grain, les fruits, la viande cuite, les insectes, les intestins des animaux, le pain, les grenouilles, les lézards et les détritus de toute nature ; ils sont toujours à barboter, à fouiller, à chercher, et leur vie se passe à manger.

LE CANARD SAUVAGE nous arrive par bandes considérables, à certaines époques de l'année : on les voit des-

cendre sur les étangs et les marais en telle quantité,
que l'eau en est couverte. On les chasse de plusieurs
manières ; la plus usuelle et la plus productive, consiste
à les attirer dans des filets à l'aide de canards privés.

La Sarcelle est plus petite que le canard ordinaire.
C'est un oiseau solitaire qui paraît très-sauvage ; on le
trouve dans nos pays et dans toutes les contrées de
l'Europe : sa chair est excellente.

Le Canard de Barbarie est un des plus gros de
l'espèce : sa taille atteint celle d'une petite oie.

La Macreuse abonde en Europe et en Amérique.
Elle se nourrit de coquillages, qu'elle avale tout entiers.
On prend quelquefois ces oiseaux sous les filets par
trente et quarante douzaines à la fois ; on ne la chasse
que pour sa plume, car sa chair est détestable.

Le Canard de Chine est remarquable par la variété
et la vivacité de ses couleurs. C'est le plus petit de l'espèce : il n'est pas plus gros qu'un pigeon. Les individus
qui appartiennent à cette race ont des couleurs tellement diversifiées que sur cent on n'en trouverait pas
deux exactement semblables.

LE PÉLICAN.

Cet oiseau, plus gros que le cygne, est connu par
son extrême voracité et par la singulière conformation de son bec formidable. Ce bec, long de près de
cinquante centimètres, est aplati en dessus comme une
large lame et se termine en crochet. Cette lame, formant la mandibule supérieure, repose sur la mandibule
inférieure qui ne consiste qu'en deux branches flexibles,

après lesquelles est attachée une membrane élastique en forme de sac. Cette poche, qui peut contenir la valeur de vingt litres, se resserre et se plisse le long du bec, comme un rideau relevé, quand elle est vide : lorsqu'elle est dilatée, elle pourrait facilement cacher la jambe d'un homme.

Cet oiseau, essentiellement aquatique, ne semble vivre que pour manger et dormir : il va pêcher le matin et le soir, dans les rivières comme dans la mer.

Il mange dans une séance autant de poissons qu'il en faudrait pour le repas de cinq hommes ; il avale très-facilement des poissons de trois kilogrammes.

Ces oiseaux habitent de préférence les climats chauds; ils sont assez communs dans l'ancien et le nouveau monde.

Certaines personnes sont encore persuadées, aujourd'hui, que le pélican est un modèle de dévouement et qu'il nourrit ses petits de son sang. Ce préjugé, qui ne manque pas de poésie, est d'autant plus faux, que le pélican se montre assez indifférent pour sa progéniture.— Il souffre qu'on s'empare de ses œufs et ne défend ses petits qu'avec une extrême mollesse. — Le pélican n'est pas digne de tant d'honneur : c'est un oiseau stupide qui semble pétrifié durant le jour, et qui ne sort de sa somnolence que pour satisfaire son appétit.

Ce qui, vraisemblablement, a donné lieu à cette fable, c'est que le pélican, lorsqu'il nourrit ses petits, coupe en plusieurs morceaux le poisson qu'il leur apporte ; le sang de ces poissons se répand sur son estomac et cette particularité a été interprétée, comme on sait, par les amis du merveilleux.

LE BEC EN CISEAUX.

Terminons par cet oiseau dont la conformation du bec fait toute l'originalité.

Le bec en ciseaux ne peut ni mordre de côté, ni ramasser devant soi, ni becqueter en avant, son bec étant composé de deux pièces excessivement inégales : la mandibule inférieure allongée et avancée hors de toute proportion, dépasse de beaucoup la supérieure qui ne fait que tomber sur celle-ci, comme un rasoir sur son manche ; pour atteindre et saisir avec cet instrument disproportionné, l'oiseau est réduit à raser en volant la surface de la mer, afin d'attraper le poisson en dessous, et de l'enlever en passant.

Ces oiseaux habitent les côtes de la Caroline et de la Guyane.

Hémione dévorée par un Boa.

LES REPTILES.

On entend par reptiles tous les animaux vertébrés à sang froid, autres que les poissons. La forme des reptiles est si variée que les trois ordres qui composent cette classe ne paraissent avoir aucun rapport entre eux; ils se ressemblent pourtant en ce point, que tous ont la peau entièrement dépourvue de poil.

I. — LES OPHIDIENS.

LES SERPENTS.

On compte plus de deux cents espèces de serpents, dont quarante environ sont venimeux. Les serpents venimeux diffèrent de ceux qui ne le sont pas en ce qu'ils portent de chaque côté de la mâchoire deux crochets aigus et creux, aboutissant à deux glandes, placées de chaque côté de la tête de l'animal, glandes qui contiennent un liquide mortel.

LE SERPENT A SONNETTES.

Le plus dangereux de tous les serpents venimeux, après le trigonocéphale, est sans contredit le serpent à sonnettes, appelé aussi crotale. On lui a donné le premier nom parce que sa queue, formée d'articulations à joints sonores, produit en marchant un bruit semblable à celui de la cresselle. Le venin de ce reptile est si actif qu'il donne la mort presque instantanément aux animaux à sang chaud. Fort heureusement, le bruit que fait sa queue décèle sa présence aux hommes, et l'odeur fétide qu'il exhale avertit les animaux.

Le crotale s'introduit quelquefois dans les métairies, mais il est bien vite découvert, car toutes les bêtes domestiques, cochons, poules, chiens, etc., poussent des cris d'effroi et donnent ainsi l'alarme.

Le serpent à sonnettes habite les deux Amériques.

LE TRIGONOCÉPHALE.

Le trigonocéphale, ainsi nommé à cause de la forme de sa tête, habite les Antilles. C'est le plus redoutable de tous les serpents venimeux. On peut quelquefois se guérir de la morsure du crotale, du naja, de l'aspic, mais jamais de celle du trigonocéphale; le venin qu'il distille est foudroyant et donne, en quelques instants, la mort aux plus gros animaux. Jusqu'à présent, la science n'a pu découvrir de moyens efficaces pour combattre les effets de ce funeste poison.

Certains Indiens, qui s'intitulent charmeurs de serpents, montrent au public des trigonocéphales et des vipères à lunettes apprivoisés : ils les enroulent autour de leurs bras, les manient sans précaution, les font danser au son de la flûte, et affirment aux spectateurs qu'ils possèdent des remèdes infaillibles contre la morsure de ces reptiles. L'art de ces prétendus charmeurs consiste tout simplement à couper les crochets qui charrient le venin, et les remèdes que vendent ces Indiens ne sont que le produit du charlatanisme.

LA VIPÈRE.

Presque tous les serpents venimeux sont confinés dans les pays chauds; cependant nos pays tempérés

n'en sont pas entièrement à l'abri puisqu'on y trouve la vipère : c'est le seul serpent d'Europe redoutable. Encore bien que son venin soit loin d'être aussi subtil que celui des individus dont il vient d'être question, la morsure de ce reptile n'en cause pas moins de vives

douleurs, des tuméfactions, et une paralysie momen-
tanée.

La vipère se reconnaît à sa tête plate en forme de
lance et à sa queue courte. Elle se nourrit de rats, de
souris, d'oiseaux, qu'elle avale tout entiers.

LE BOA.

Le boa est le plus grand des serpents connus. Il y
en a qui mesurent dix mètres de longueur et qui sont plus

gros qu'un homme. Ce gigantesque reptile, qui poursuit
les grands quadrupèdes, et qui ne craint pas d'attaquer le lion lui-même, vit dans les savanes de l'Inde,
de l'Afrique et l'Amérique méridionale. Sa gueule formi-

dable a la propriété de se dilater de telle sorte qu'il peut avaler des animaux trois fois plus gros que lui. Lorsque le boa est aiguillonné par la faim, il se cache dans les hautes herbes ou dans les cavernes, et attend sa proie; sitôt qu'elle est à sa portée, il s'élance sur elle avec la rapidité de la flèche, la saisit, l'entoure, l'enlace comme un câble vivant; alors l'animal haletant, paralysé, pousse des hurlements d'effroi; mais bientôt la gueule du monstre vomit une bave écumante et fétide qui achève la victime, en l'asphyxiant par son odeur pestilentielle; maître de sa proie, le serpent s'appuie contre un rocher, resserre ses anneaux puissants, brise les os de l'animal, pétrit sa chair, la réduit en une espèce de pâte, la couvre du liquide visqueux et empesté de son estomac, dilate son énorme gueule, avale cette masse informe sans la diviser, et la digère en partie avant d'engloutir le reste. Quand le monstre est repu, il cherche un abri pour se dérober à ses ennemis, car aussitôt après son repas, il tombe dans une espèce de sommeil léthargique qui dure souvent plusieurs mois, et pendant ce sommeil, il est incapable de se défendre.

Le boa semble préférer la chair de l'homme à celle des animaux; la conformation de l'homme explique cette préférence : pour avaler un quadrupède à cornes et à sabots, tel que le buffle, par exemple, le boa est obligé de se livrer à de grands efforts, tandis que l'homme, par sa forme allongée, lui présente pour ainsi dire, une proie toute triturée.

Un matelot, étant descendu avec ses camarades dans une des îles de l'archipel indien, s'aventura dans

les terres ; étant fatigué, il s'assit sur un tronc d'arbre
qui s'offrit à sa vue. Ce tronc d'arbre, qui n'était autre
chose qu'un énorme serpent boa, renversa l'imprudent
promeneur et l'entoura de ses nombreux replis. Aux
cris du matelot, ses camarades accoururent, mais il
n'était plus temps ! ils eurent la douleur d'entendre le
bruit que produisaient les os en se cassant sous l'étreinte
du serpent ; ils virent le boa l'enduire de sa bave infecte et se préparer à l'avaler. Les matelots, certains de
la mort de leur compagnon et voulant punir son meur-
trier, laissèrent le serpent commencer son affreux repas ;
lorsque le corps de l'infortuné fut à moitié englouti et
que le serpent parut s'engourdir, les matelots s'ap-
prochèrent du monstre et lui fendirent le crâne à coups
de hache. Le soldat fut retiré du corps du reptile et
enterré sur les bords du rivage. Ce serpent qui mesurait neuf mètres soixante-trois centimètres, était plus
gros qu'un homme de taille moyenne. Sa peau fut
envoyée au cabinet zoologique de Lisbonne, où elle est
probablement encore.

Les serpents boas vivent ordinairement seuls ou du
moins en très-petite compagnie, comme tous les grands
animaux. Leur espèce, fort heureusement, n'est pas
très-répandue et leur voracité devient souvent la cause
de leur mort. Les boas ne sont point venimeux ; ils pro-
duisent·des œufs qu'ils abandonnent à la chaleur du
soleil, ainsi que tous les reptiles. Cependant, le serpent
PYTHON, espèce de boa qui habite l'Inde, fait exception
à la règle : il couve ses œufs ; et pendant qu'il reste
enroulé sur sa progéniture, la température de son corps
s'élève quelquefois à plus de quarante degrés.

Les serpents se nourrissent tous de proies vivantes
et peuvent supporter un jeûne de plusieurs mois.
Ils passent l'hiver dans un état complet d'engourdissement et changent de peau à différentes épo-

ques de l'année. Les serpents venimeux sont ovovivi-
pares, c'est-à-dire, produisent des petits vivants, provenant d'œufs éclos dans leur corps. Les serpents, non
venimeux, pondent des œufs que la chaleur du soleil
fait éclore.

Certaines espèces de serpents vivent en société nombreuse dans plusieurs îles de l'Inde, et fréquentent les endroits marécageux et les arbres touffus. Rien n'est plus affreux que l'aspect de ces reptiles suspendus aux branches ou enroulés autour du bois ; on croirait l'arbre animé : Ces mille têtes qui se balancent, ces nœuds qui se forment, qui se développent sans cesse, ces guirlandes qui se meuvent en tous sens, donnent le frisson à l'homme le plus courageux.

Si les serpents se ressemblent par la forme, ils diffèrent singulièrement par la taille. A côté des monstres dont nous venons de parler, vivent des serpents mignons qui n'ont pas plus de quinze centimètres, et qui sont moins gros qu'une plume de cygne ; parmi eux s'en trouvent qui sont plus à redouter que le serpent boa lui-même ; celui-ci ne peut dissimuler ni sa taille ni son odeur, tandis que les petits reptiles dont nous parlons, se glissent sous le feuillage, s'enroulent après la tige des fleurs, se cachent dans l'herbre ; leur morsure même, dont les conséquences sont presque toujours fatales, n'indique point leur présence, car cette morsure est moins douloureuse que la piqûre d'une épine.

Certaines îles de l'archipel indien sont infestées de ces dangereux serpents ; on n'ose ni toucher aux arbustes, ni s'approcher des plantes, ni se promener sur les pelouses : à chaque pas, on craint de voir surgir d'une touffe de fleurs ou d'une gerbe de feuillage, un de ces horribles petits êtres.

Beaucoup d'oiseaux, comme nous l'avons déjà fait observer, font la guerre aux serpents de toute nature.

II. — LES SAURIENS.

LE LÉZARD.

Tout le monde connaît ce joli petit reptile qui, pendant l'été, se chauffe au soleil, étendu sur l'herbe ou couché sur quelque pierre. Il est remarquable par la variété de ses couleurs et par son extrême agilité. Il vit retiré dans les broussailles, dans les creux des murailles et s'endort pendant l'hiver d'un sommeil léthargique. Ce petit animal est tout à fait inoffensif ; il est tellement timide que le bruit du vent lui fait peur et qu'il suffit de le regarder pour lui faire prendre la fuite. Sa nourriture consiste en mouches et autres insectes.

Les lézards verts ou gris, qui habitent nos pays, ne dépassent guère vingt-cinq centimètres, la queue non comprise ; mais en Afrique et dans l'Inde, on trouve des lézards qui mesurent près d'un mètre, et, qu'au premier coup d'œil, on prendrait pour de jeunes crocodiles.

Les lézards changent de peau à certaine époque de l'année.

On dit que le lézard est l'ami de l'homme ; nous ne savons pas trop pourquoi. En tous les cas, il ne témoigne pas grande confiance à cet ami, car dès qu'il l'aperçoit, il s'empresse de fuir.

LE CAMÉLÉON.

Le caméléon est loin d'être agréable à la vue. Il ressemble autant au crapaud qu'au lézard par sa taille ramassée, son cou dans les épaules, et surtout par sa figure.

Le caméléon porte une espèce de crête derrière la tête; ses yeux sont entourés d'une peau boursouflée qui lui donne un aspect étrange : sa peau est comme grainée, et son ensemble n'inspire que le dégoût. Cet animal est tout à fait inoffensif. Il vit d'insectes, qu'il guette au passage, et les atteint avec sa langue visqueuse, qu'il darde avec une extrême agilité.

Le caméléon mesure environ vingt-cinq centimètres; sa queue, de forme cylindrique, est à peu près de même longueur. Cette queue est préhensible, et lui sert, autant que ses pieds, à se tenir sur les arbres. Ses yeux sont indépendants l'un de l'autre et peuvent se mouvoir en sens contraire. Cette faculté, tout au moins singulière, n'est pas la seule étrangeté de cet animal ; il possède aussi le pouvoir de changer la couleur de sa peau suivant sa volonté et de prendre la teinte de l'endroit qu'il habite ; il peut également dilater cette peau et lui donner un développement considérable. Les couleurs dont il dispose quand il veut se changer, varient du jaune au vert foncé, et du gris clair au noir ; jamais il ne montre de rouge, de pourpre ni de bleu pur. Les changements de couleur s'opèrent généralement par gradation ; il arrive pourtant que l'animal devient vert, tout à coup, de gris qu'il était; d'autres fois, sa peau se bigarre de plusieurs teintes : sa couleur la plus constante est un vert nuancé.

Le caméléon peut vivre très-longtemps sans manger. Il se plaît dans les bois et se tient ordinairement sur les branches d'arbres.

Le caméléon est originaire de l'Inde et de l'Afrique ; on en rencontre quelques-uns dans le midi de l'Espagne.

LE CROCODILE.

Le crocodile est l'animal le plus puissamment armé pour l'attaque et pour la défense. Sa forme générale ne

s'écarte pas beaucoup de celle du lézard. Son corps allongé est supporté par des pattes très-courtes ; tout son corps, à l'exception du ventre, est revêtu d'une cuirasse d'écailles si dure, qu'elle repousse la balle du fusil. Sa longue queue, aussi grande que le reste de son individu, est hérissée d'écailles tranchants et se termine en pointe. Son museau, plat et effilé, ne fait qu'un avec le crâne ; sa gueule formidable est garnie, dans toute son étendue, d'une série de dents pointues dont le nombre dépasse soixante ; ses yeux, à fleur de tête, sont fixes comme des yeux d'émail. Quand il est parvenu à son entier développement, cet affreux reptile peut atteindre de sept à huit mètres de longueur.

C'est dans les fleuves et dans les marais de l'Inde, de l'Afrique, et de l'Amérique méridionale, que se trouvent ces animaux : le Nil, le Niger, le Gange, en sont infestés. Ils sont excessivement voraces et peuvent cependant rester des semaines entières sans prendre aucune nourriture. Ils sortent rarement de l'eau ; ils ont l'habitude de se laisser flotter à la surface, afin de surprendre les animaux qui viennent se désaltérer ; si ce moyen ne leur réussit pas, ils se cachent dans les joncs du rivage et attendent qu'un chien, un bœuf, un tigre ou un homme viennent se baigner. On ne s'aperçoit de la présence du monstre que lorsqu'il n'est plus temps de le fuir, car il s'élance sur sa proie avec la rapidité de la flèche et fait des sauts beaucoup plus considérables qu'il ne semble permis de le faire à un si pesant animal. Une fois maître de sa proie, il l'entraîne au fond de l'eau pour la noyer et s'en repaître.

Il s'éloigne rarement des fleuves, si ce n'est pour entrer dans les lieux couverts et marécageux, en sorte, que dans plusieurs contrées de l'Orient, il est très-dangereux de se promener près des marais, ou sur le bord des fleuves, et plus dangereux encore de s'y baigner.

Le crocrodile ne mâche pas ses aliments, il avale sa proie à l'instar du serpent; ses dents ne lui servent qu'à saisir et à retenir sa victime. C'est donc par erreur qu'on lui attribue le pouvoir de couper en deux les jambes d'un homme, ou le corps d'un gros animal.

La femelle du crocodile dépose ses œufs dans des trous qu'elle creuse sur le rivage : la chaleur du sable et le soleil brûlant de ces climats, font éclore ses œufs en un mois : à l'instant de leur naissance, les petits crocodiles courent vers l'eau.

Les habitants de l'île de Java s'emparent des crocodiles en les pêchant à la ligne à l'aide d'un hameçon, de même qu'on pêche le goujon dans nos pays, seulement au lieu d'une corde tordue que l'animal couperait avec la plus grande facilité, on attache l'amorce avec une corde molle dont les fibres se divisent sans se rompre. Quand le reptile est fortement accroché, les pêcheurs le tirent hors de l'eau, le transpercent de leurs lances, en ayant soin de se garer de sa terrible queue, dont il bat le sable et les eaux.

Certains nègres ont l'audace d'attaquer le crocodile dans son propre élément. Après s'être entouré le bras gauche d'un cuir impénétrable, le chasseur entre dans l'eau, armé d'un large coutelas : aussitôt qu'il aperçoit le crocodile, il étend son bras cuirassé que l'animal ne manque pas de saisir, et lui porte alors plusieurs coups de poignard au-dessous du menton.

Ce genre de chasse est extrêmement périlleux, car, pendant la lutte, d'autres crocodiles peuvent survenir et terminer le combat en avalant le chasseur.

Les nègres sont très-friands de la chair du crocodile; ils la trouvent délicieuse, particulièrement celle de
la queue.

On prétend que dans certaines contrées du centre
de l'Afrique, ces reptiles sont en telle abondance qu'ils
obstruent les cours d'eau et comblent les petits marais.

L'ALLIGATOR et le CAÏMAN qui habitent l'Amérique du
Sud, ainsi que le GAVIAL qui se trouve dans l'Inde, diffèrent du crocodile proprement dit par la forme de leur
mâchoire et quelques autres particularités, mais leurs
mœurs sont absolument semblables.

Le crocodile a pour ennemi le tigre, le jaguar, et
surtout le marsouin.

Voici une anecdote qu'on trouve dans les relations
de voyage d'un naturaliste : nous la rapportons sans
en garantir l'exactitude.

Se promenant sur les bords d'un fleuve, dans une
contrée de l'Inde, ce voyageur aperçut un tigre qui le
guettait au passage, et qui déjà mesurait son élan ;
dans son épouvante, le voyageur se recula jusque dans
les joncs qui bordaient la rive du fleuve ; il était à peine
entré dans l'eau, qu'un énorme crocodile s'avança pour
le dévorer. Le malheureux, placé entre deux dangers
également terribles, recommanda son âme à Dieu et
attendit la mort : tout à coup, le tigre bondit et s'élance
sur... le crocodile.

Le voyageur n'attendit pas l'issue du combat, comme
bien l'on suppose, et, dans son récit, il déclare naïve-
ment que jamais il ne s'était trouvé dans une situation
aussi perplexe.

L'IGUANE.

Cet animal paraît tenir le milieu entre le caméléon et le crocodile par sa forme extérieure : par ses mœurs, il ressemble tout à fait au premier.

Ce reptile peut atteindre deux mètres de longueur. Sa queue est longue et complétement ronde ; son dos porte une crête dentelée sur toute son étendue ; son menton est garni d'une poche membraneuse qu'il peut dilater au point de lui donner un mètre de circonférence ; sa langue est fourchue et il la darde à la manière des serpents. La couleur de sa peau est bleue sur le dos et grise sur les côtés. Quand on l'irrite, l'animal perd ces couleurs pour revêtir toutes les nuances intermédiaires entre le vert et le violet : en somme, son extérieur est repoussant. Comme sa chair est des plus délicates, les insulaires de l'archipel Bahama ne se laissent pas influencer par sa laideur et le mangent sans répugnance.

L'iguane plonge et nage avec une extrême facilité et peut demeurer très-longtemps sous l'eau. Sa femelle pond des œufs sur le sable du rivage et les abandonne à l'action du soleil.

Cet animal n'est point agressif, mais il s'irrite facilement. Quand il est surexcité, ses yeux brillent comme des charbons ardents.

On recherche ce reptile pour sa chair que l'on conserve dans des barils avec du sel, et que l'on mange bouillie et rôtie.

La manière dont certains nègres s'emparent de

l'iguane ne manque pas d'originalité : lorsqu'un de ces
chasseurs aperçoit le reptile reposé sur quelque roche,
il s'approche en sifflant de toutes ses forces un air vif et
animé; l'animal écoute et prend plaisir à cette musique;
le nègre continue son concert, et chatouille la gorge et
les côtes de la bête avec une baguette ; ces caresses lui
sont agréables, paraît-il, car aussitôt il se retourne, se
couche sur le dos, et s'endort dans cette position. Le
chasseur lui passe alors un nœud coulant autour de la
tête et s'en empare.

LE DRAGON.

De même qu'il existe des mammifères et des poissons ailés, on trouve des reptiles volants.

Le dragon est un saurien qui porte de chaque côté
de ses flancs un repli de peau assez semblable aux ailes
de la chauve-souris; cette membrane est soutenue par
les premières fausses côtes et permet à l'animal de
s'élancer avec promptitude d'un arbre à l'autre et de se
maintenir quelques instants dans les airs.

Le dragon n'est pas plus gros que notre lézard. Il
se nourrit d'insectes et vit dans les forêts de l'Inde.

C'est probablement cet étrange petit reptile qui a
fourni aux écrivains de l'antiquité l'idée des dragons
et des serpents ailés dont ils parlent.

III. — LES CHÉLONIENS.

LA TORTUE.

On divise les tortues en deux groupes : les tortues

terrestres et les tortues aquatiques, et chaque espèce se compose de plusieurs genres.

14.

Ces reptiles sont remarquables par la boîte dans laquelle ils sont renfermés et qui n'a d'ouvertures que pour laisser passer la tête et les pieds du propriétaire. Cette double cuirasse protége l'animal d'autant plus complétement, qu'il a la facilité de rentrer ses extrémités et de les mettre à l'abri, comme le reste du corps.

La famille des tortues, ainsi que celle des serpents, possède ses géants et ses nains : certaines espèces ne sont pas plus grosses qu'une montre à répétition ; d'autres sont tellement monstrueuses, qu'un homme pourrait se servir de leur carapace supérieure en guise de baignoire.

LA TORTUE TERRESTRE.

La tortue terrestre se nourrit de végétaux, tels que fruits, légumes, racines, herbages, etc. Sa tête est terminée par une espèce de bec assez semblable à celui du perroquet. Dès l'automne elle se creuse un terrier, s'y retire et y demeure durant tout l'hiver dans un état complet d'engourdissement. Elle n'en sort que vers le mois de mai, de façon qu'elle passe la moitié de son existence à dormir.

La tortue terrestre est réputée par la lenteur de ses mouvements : il semble que ses forces ne lui permettent qu'à grand'peine de charrier sa carapace. On la trouve en Grèce, dans la Sardaigne, sur les bords de la Méditerranée, etc.

Certaines espèces sont comestibles et fournissent d'excellents potages.

LA TORTUE AQUATIQUE.

Les tortues aquatiques se divisent en tortues d'eau douce et en tortues de mer.

Les tortues de mer habitent les mers du Sud et de l'Inde, les côtes des îles et des continents, situés sur la zone torride de l'ancien et du nouveau monde.

Elles ont la tête petite, de forme allongée et leurs jambes sont terminées par des espèces de rames aplaties, très-favorables à la natation, mais impropres à la marche.

C'est parmi les tortues marines que se trouvent les géants de la famille. La tortue franche mesure communément un mètre cinquante, et pèse quelquefois trois cents kilogrammes. Sa force est prodigieuse : elle porterait sur son dos autant d'hommes que sa carapace en pourrait contenir.

Les tortues ont des mœurs fort douces et sont d'un naturel timide. Lorsque, flottant la tête au-dessus de l'eau, elles aperçoivent le moindre danger, elles se laissent aussitôt couler à fond. Elles ne viennent guère sur terre que pour déposer leurs œufs.

C'est le moment favorable pour leur donner la chasse.

Vers le mois d'avril, époque de la ponte, les chasseurs ou les pêcheurs, comme on voudra les appeler, côtoient le rivage à la faveur de la nuit ; dès qu'ils aperçoivent les tortues sur la rive, ils se précipitent sur elles et les renversent sur le dos : dans cette position, l'animal est incapable de se sauver. Il ne peut même se remettre sur ses pieds, qu'après de longs et pénibles efforts. Les chasseurs, en quelques instants, se rendent maîtres d'une grande quantité de tortues.

Généralement, la chair des grosses tortues de mer n'est pas mangeable; on ne les capture que pour s'emparer de leur écaille qui est fort employée dans l'industrie.

L'écaille la plus estimée provient de la tortue appelée *Caret*.

Toutes les tortues sont extrêmement vivaces et peuvent rester un temps considérable sans manger : on a conservé des tortues pendant six mois, sans leur donner la moindre nourriture.

LES BATRACIENS

Jusqu'à ces derniers temps, les batraciens appartenaient à la classe des reptiles, les naturalistes ont cru devoir en faire une classe spéciale à cause des métamorphoses que les batraciens accomplissent dans leur jeune âge. Cette nouvelle classe, qu'on a divisée en quatre ordres, ne compte que fort peu de sujets.

I. — LES ANOURÉS.

LA GRENOUILLE.

Tous nos jeunes amis connaissent la grenouille, mais tous ne savent pas qu'avant d'arriver à l'état parfait, cet animal a subi plusieurs métamorphoses importantes : essayons de les esquisser.

La grenouille pond des œufs, et son frai, qu'elle dépose vers le mois de mars, consiste en un amas gélatineux de forme ronde : les œufs, au nombre de sept à huit cents, sont enfermés dans cette matière. Quand ces œufs viennent à éclore, on en voit sortir un animal rond et plat comme une petite lentille, dépourvu de pattes, mais orné d'une queue plus grande que lui-même. Au bout de six semaines, le corps s'est allongé, et il en est sorti deux pattes : ce sont les pattes de derrière. L'animal reste avec ses deux pattes et sa queue pendant quinze ou vingt jours; après quoi, les pattes de devant poussent, de façon que la petite grenouille ressemble alors à un lézard, car elle porte encore sa large queue. Quinze jours après, cette queue s'oblitère et tombe, et la grenouille apparaît telle que nous la voyons sur les marchés.

Pendant la durée de ces diverses métamorphoses, la petite grenouille, qui s'appelle alors *têtard*, se nourrit de végétaux ; arrivé à l'état parfait, l'animal change sa manière de vivre et ne recherche plus que les proies vivantes, qu'elle happe avec sa langue. Cette langue offre encore une particularité : au lieu de tenir au fond du gosier, elle est attachée sur le devant de la bouche, et la grenouille a la faculté de la lancer dehors et la rentrer avec une grande prestesse : c'est de cette manière qu'elle saisit sa proie.

Pendant l'hiver, la grenouille s'enfonce dans la vase et demeure dans un état léthargique, voisin de la mort. On en trouve souvent un grand nombre gelées sur le bord des étangs; leurs membres sont alors si durs qu'on peut les casser comme des allumettes. Personne, sans en être instruit, ne pourrait supposer que ces glaçons renferment encore un principe de vie; cependant, en les faisant dégeler auprès d'un feu doux, on voit l'animal se dégourdir, peu à peu, sortir de sa torpeur, et sauter par la chambre.

La Grenouille mugissante qui se trouve en Amérique, possède une telle puissance dans la voix qu'on s'imagine entendre un jeune taureau. Cette grenouille, que l'on peut voir dans l'aquarium du Jardin des Plantes à Paris, est quatre fois plus grosse que la grenouille ordinaire.

LA RAINETTE.

La rainette est une petite grenouille verte qui a les pattes faites de telle manière qu'elle peut se fixer sur les surfaces les plus unies. Pendant l'été, cette grenouille grimpe sur les arbres, se promène dans le feuillage et va chasser les insectes dont elle se nourrit, jusqu'à l'extrémité des plus hautes branches. On voit souvent la rainette attachée au-dessous des feuilles et se tenir ainsi les pattes en l'air.

La femelle dépose ses œufs dans l'eau, et quand les têtards ont accompli leurs métamorphoses, ils grimpent aussitôt sur les arbres.

Le mâle de la rainette peut enfler son gosier de telle façon qu'il semble avoir une grosse boule sous la tête.

LE CRAPAUD.

L'aspect du crapaud cause toujours un sentiment de répulsion : ses formes ramassées, ses mouvements lents et pénibles, et plus encore sa peau flasque et pustuleuse, explique cette répugnance. Pendant longtemps on a cru le crapaud venimeux à cause de la matière écumeuse qui s'échappe de plusieurs parties de son corps; ce fluide n'a aucune action sur l'épiderme, mais il n'est pas sans influence sur les membranes muqueuses : lorsqu'un chien saisit un crapaud, sa gueule s'enfle pour quelques instants et jette une abondante salive. L'effet serait le même si le chien attaquait des grenouilles. Le crapaud n'est donc pas plus dangereux que cette dernière, et ce n'est que sa laideur repoussante qui lui a valu sa mauvaise réputation. Le crapaud est un animal très-inoffensif, qui rend des services à l'agriculture, en dévorant les limaces qui ravagent les potagers.

Dans certaines contrées d'Europe et d'Amérique, ces batraciens sortent des marais, pendant les jours de pluie, en si grande abondance, que le sol en est couvert et qu'il est impossible de marcher sans les écraser par centaines : c'est ce qui a fait croire aux pluies de crapauds.

Cet animal subit les mêmes métamorphoses que la grenouille.

Nous avons dit ailleurs que dans la nature on rencontre, à chaque pas, des phénomènes qui confondent l'esprit humain : le crapaud nous en fournit un des exemples les plus frappants.

On a trouvé des crapauds *vivants,* enfermés dans d'énormes blocs de pierre, sans aucune communication extérieure, et sans autre place que celle formée par le corps de l'animal. On en a trouvé également au milieu des parties les plus serrées des troncs d'arbres.

Comment avaient-ils pu s'introduire dans ces masses solides? et comment y pouvaient-ils vivre?

Devant ce phénomène, le merveilleux de la fable n'a plus rien d'extraordinaire : Les poëtes peuvent-ils imaginer quelque chose de plus invraisemblable?

LE PIPA.

Le pipa est une espèce de crapaud beaucoup plus gros que le crapaud commun, et bien plus hideux encore. Sa tête, presque triangulaire, son corps aplati, sa peau couverte de pustules en font un objet d'horreur.

Ces boutons, qui causent un si profond dégoût, ont une singulière destination : ils sont affectés au logement des petits à naître. Ces cavités, disposées irrégulièrement sur le dos de la femelle, ont quinze millimètres de profondeur sur six de diamètre. Quand la femelle dépose ses œufs, le mâle les ramasse et les place avec soin dans les susdites cavités, qui se referment aussitôt qu'elles sont occupées. Ces œufs, ainsi abrités — comme ceux des abeilles dans leurs alvéoles, — demeurent pendant trois mois dans ces petites loges, y accomplissent leur métamorphose et en sortent animaux parfaits. Cette double naissance rappelle celle des petits sarigues, qui naissent informes et se développent dans la poche de leur mère en restant, pour ainsi dire, soudés à ses mamelles.

Les pipas sont originaires de Surinam. Les nègres trouvent leur chair délicieuse.

II. — LES URODÉLES.

LA SALAMANDRE.

En voyant la salamandre, on la prendrait pour un petit lézard. Sa peau est noire, tachetée de jaune ; son ventre est de cette dernière couleur.

Le corps de la salamandre se couvre en certains moments d'une matière visqueuse qui ressemble à du lait, et qui suinte à travers les mamelons dont sa peau est couverte. Cette liqueur, d'une certaine acidité, peut lui servir à repousser ses ennemis, mais ne la préserve pas du bec des oiseaux aquatiques et encore moins des charbons ardents. — On sait que les écrivains de l'antiquité attribuaient à la salamandre le pouvoir de vivre au milieu des flammes, et de renaître de ses cendres. — Rien ne justifie la première de ces opinions mais la seconde ne manque pas de vraisemblance, car cet animal est doué, comme certains crustacés, de la singulière faculté de reproduire presque toutes les parties de son corps, lorsqu'il les a perdues. On peut lui couper les pieds, lui crever les yeux, lui briser le museau, même lui supprimer plusieurs membres à la fois, ces mutilations se réparent en assez peu de temps.

Ces batraciens vivent dans les endroits marécageux et peu fréquentés. En hiver, ils se tiennent cachés sous des pierres, sous des racines, ou dans les souterrains ; on les trouve également dans les mares et les ruisseaux, car ils vivent aussi facilement dans l'eau que sur terre ; toutefois, leurs allures sont infiniment plus vives dans l'élément liquide.

La salamandre, en accomplissant ses métamorphoses, ne perd pas sa queue, comme la grenouille ; cette queue, large et aplatie, lui sert à se diriger dans l'eau.

La salamandre se nourrit d'insectes, de limaces, d'escargots, etc.

Elle est commune dans nos pays.

III. — LES PÉRENNIBRANCHES.

L'AXOLOTL.

L'axolotl est une espèce de salamandre toute noire, qui se trouve au Mexique. Il est trois fois plus gros que la salamandre ordinaire ; sa tête est plus large, plus plate et sa peau moins rugueuse.

Depuis l'invention des aquariums d'appartement, cet animal est devenu fort commun dans notre pays : ses mœurs étant très-curieuses à étudier, les naturalistes l'ont importé dans nos eaux et il s'y est acclimaté.

L'axolotl jouit des mêmes facultés que la salamandre. On peut lui faire subir toutes sortes d'amputations, celles du cerveau et de l'échine exceptées, sans qu'il paraisse en trop souffrir, et avec la certitude que toutes les parties supprimées repousseront.

L'axolotl est un des rares animaux absolument amphibie, et possédant les appareils nécessaires aux deux modes d'existence.

Il porte de chaque côté de la tête des branchies qui lui servent à respirer dans l'eau, et d'y rester indéfiniment, et des poumons qui lui permettent de vivre en permanence sur terre ; néanmoins, il paraît que cette respiration branchiale n'est pas suffisamment complète, puisque l'axolotl est obligé de venir souvent chercher de l'air à la surface de l'eau, ainsi qu'on pourra le remarquer en examinant ces animaux dans l'aquarium du Jardin des Plantes.

Les branchies de l'axolotl ne sont point dissimulées

dans l'intérieur de la tête, comme chez les poissons, elles sont placées extérieurement, flottent librement dans l'eau et ressemblent à des petits rameaux; ces branchies paraissent servir en même temps, de nageoires à l'animal.

I. — LES CÉCILIES.

LE GYMNIOPHONE.

L'animal appelé de ce nom n'atteint jamais plus de soixante centimètres; il a la forme du serpent et n'est pas plus gros que le doigt. On le trouve au Mexique, à la Guyane, au Brésil ainsi qu'en Afrique; il vit complétement dans l'eau et semble former le trait-d'union entre les batraciens, les reptiles et les poissons.

Les Lépidosirens, espèces d'anguilles, que la plupart des zoologistes regardaient comme des poissons, sont, paraît-il, organisés comme les batraciens et doivent être rangés parmi ces derniers.

Chaque jour, l'étude amène de nouvelles découvertes; c'est ainsi que, dans ces derniers temps, on a constaté que les Amocètes, autre genre d'anguilles, étaient des larves de lamproie, et que ce poisson devait, conséquemment, subir des métamorphoses, avant d'arriver à l'état adulte.

Ces découvertes obligent souvent les naturalistes à modifier les classifications.

LES POISSONS.

Les poissons sont des animaux vertébrés à sang froid qui vivent dans l'eau et qui respirent par les branchies. Cette classe, dont les sujets sont fort nombreux, se divise en deux groupes principaux : les poissons cartilagineux et les poissons osseux. Le premier contient trois ordres, et l'autre six : nous ne pouvons indiquer qu'un ou deux types de chaque division.

I. — LES POISSONS CARTILAGINEUX.

LE REQUIN.

Cet être vorace est le tigre de la mer. Il atteint quelquefois dix mètres de longueur ; sa gueule et son gosier sont très-larges et lui permettent d'avaler un homme avec beaucoup de facilité, aussi en a-t-on trouvé maintes fois dans leur corps ; — on cite un requin, dans le ventre duquel on trouva deux hommes, dont l'un avait des bottes et l'épée au côté. — Ce qui rend cet animal formidable, c'est la garniture de sa mâchoire, armée de six rangées de dents, au nombre de cent quarante-quatre ;

Ces dents sont mobiles et se replient au gré de l'animal, ce qui lui permet de lâcher ou de retenir sa proie. Ses nageoires sont proportionnellement plus grandes que celles des autres individus de son espèce; sa peau est dure, coriace et épineuse; son œil, qui lui sort de la tête, lui permet de voir de tous côtés. En somme, cet animal, armé pour la bataille, ne redoute que bien peu d'ennemis, et il ravagerait le monde de la mer, sans le cachalot qui l'arrête dans son œuvre de destruction, en le détruisant lui-même.

. Le requin montre une grande avidité pour la chair humaine; une fois qu'il en a goûté, il ne cesse de fréquenter les parages où il espère en trouver.

Les matelots pêchent ce monstre comme on pêche l'ablette; seulement, la ligne est une chaîne de fer, l'hameçon un crochet d'acier à doubles branches, et l'appât un quartier de viande. On laisse traîner cette ligne derrière le vaisseau; le requin se jette sur cette proie et l'avale; une fois qu'il est accroché, on le laisse se débattre; lorsqu'il est épuisé, les matelots le hissent sur le pont et l'assomment à coups de barre de fer sur la tête, en ayant soin d'éviter sa queue formidable; il ne faut pas ménager les coups, car le requin a la vie si tenace que, même découpé en morceaux, ses muscles conservent encore des mouvements fébriles.

Le requin appartient à la famille des squales, vulgairement appelés chiens de mer. C'est un poisson cartilagineux.

On le rencontre sous presque toutes les latitudes.

LA TORPILLE.

Certains animaux sont doués d'étranges facultés et les prodiges ne manquent pas dans la nature, ainsi que nous ne cessons de le faire remarquer. Dans le monde aquatique, plus qu'ailleurs, on rencontre des êtres singuliers, soit par leur structure, soit par leurs mœurs ou par les propriétés qu'ils possèdent : la torpille est du nombre de ces animaux extraordinaires.

La torpille est un poisson cartilagineux et aplati, qui ressemble beaucoup à la raie commune ; son corps est lisse et représente un disque à peu près circulaire. Cet animal porte de chaque côté de la tête un appareil électrique d'une très-grande puissance ; la main qui touche la torpille, est frappée à l'instant d'une commotion si vive, que le bras en demeure momentanément paralysé ; quand on marche sur ce poisson, on reçoit une secousse douloureuse qui s'étend jusqu'à l'estomac. Cette sensation est si pénible, qu'une personne qui l'a éprouvée ne veut plus toucher aucune espèce de raie.

L'appareil de la torpille reproduit tous les phénomènes qui résultent de nos machines électriques : Si dix personnes se tiennent par la main, et que la première touche une torpille, le choc se transmet instantanément, et la dixième personne en éprouve la violence aussi vivement que celle qui est en contact avec l'animal.

L'ESTURGEON.

L'esturgeon mesure quelquefois cinq mètres de long. Son corps est garni de cinq rangs de tubercules osseux, qui se terminent par des pointes fortes et recourbées: ces rangs de crochets sont placés sur les côtes, sur le dos et sous le ventre de l'animal. Ce poisson, aussi formidablement armé, paraît destiné à combattre : il n'en est rien. L'esturgeon ne peut attaquer personne, attendu qu'il est dépourvu de dents ; son museau, qui se termine en pointe, ne lui permet de saisir que de toutes petites proies, qu'il va chercher dans la vase.

On trouve l'esturgeon dans les mers d'Europe et d'Amérique. A l'approche du printemps, il quitte la profondeur des mers et remonte les grands fleuves pour y déposer son frai. Comme ces poissons ne peuvent être voraces, à cause de la disposition de leur bouche, on ne les prend jamais à l'aide d'amorce ; les pêcheurs les harponnent, comme ils font des cétacés. Dans la Caroline du Nord, on les pêche en posant des filets en travers des fleuves, afin de les empêcher de regagner la mer : on en prend ainsi de grandes quantités.

C'est avec les œufs de l'esturgeon qu'on prépare le caviar, mets fort recherché des gourmands. Avec sa vessie, on fait l'excellente colle, dite colle de poisson.

II. — LES POISSONS OSSEUX.

L'HIPPOCAMPE.

L'hippocampe, ou cheval marin, est un poisson de singulière forme, qui ne resemble en rien à ses congénères, du moins quant à l'aspect. Sa grosse tête, bien distincte du reste du corps, est supportée par un cou fortement cambré; le milieu du corps est cintré

comme une selle, et la queue se relève un peu en arrière
avant de se replier en dessous. Cette queue se termine
en pointe et non en nageoire. Le corps de cet animal
est composé d'ossements cartilagineux, assez rappro-
chés, qui commencent à la naissance de la tête et ne
finissent qu'à l'extrémité de la queue.

Ce singulier poisson, qui rappelle, en effet, la conformation du cheval, ne dépasse pas trente centimètres de
long. Il habite les Indes orientales, la Méditerannée et
l'Océan atlantique.

En Italie, on trouve beaucoup de squelettes de petits chevaux marins, pas plus gros que le doigt; on fait
sécher ces petits poissons qui gardent leur forme originale, même après la mort.

LA GYMNOTE.

La torpille n'est pas le seul poisson électrique, ni
même celui qui possède l'appareil le plus puissant.
L'anguille, appelée gymnote, qui se trouve en abondance dans les mares et les ruisseaux de l'Amérique
méridionale, jouit au plus haut degré de ce pouvoir
singulier. Ce poisson, qui mesure environ deux mètres,
produit des commotions capables d'abattre les plus gros
animaux. La gymnote a recours à cette arme pour se
défendre contre ses ennemis, et pour tuer de loin les
poissons dont elle veut se repaître. Ses premières
décharges sont généralement faibles, mais lorsque l'animal est irrité, il frappe à coups redoublés, et ses se-
cousses deviennent si terribles, qu'elles peuvent facilement donner la mort à un homme, ou même à un bœuf.

Pour s'emparer des gymnotes, les Américains font entrer dans les mares fréquentées par ces poissons, des chevaux sauvages qui reçoivent les premiers chocs; ces chevaux sont bientôt abattus, quand ils ne sont pas tués, et les pêcheurs profitent de l'épuisement des anguilles pour les harponner.

Pendant fort longtemps, les naturalistes ont refusé de croire à la puissance extraordinaire de la gymnote; ils admettaient bien son pouvoir électrique, mais ils doutaient que l'animal put l'exercer à distance et tuer, sans les approcher, les poissons dont il voulait faire sa proie. Aujourd'hui, le doute n'est plus permis : les expériences de Humboldt ont parfaitement démontré l'exactitude de ces faits.

La température des eaux dans lesquelles vivent habituellement les gymnotes est de 28 à 30 degrés.

Outre la torpille et la gymnote, on connaît encore d'autres espèces de poissons électriques, le MALAPTE-RURE, par exemple. Ce poisson, long de quarante centimètres, a presque la forme de la tanche : on le trouve dans le Nil et dans les eaux du Sénégal. Les Arabes lui donnent le nom de Raach qui signifie tonnerre.

LE DACTYLOPTÈRE.

Le dactyloptère, qui habite la Méditerannée et la mer des Indes, jouit de la faculté de s'élever assez haut dans les airs et de parcourir un espace de cinquante mètres et plus; c'est le poisson volant qui se soutient le plus longtemps hors de l'eau, grâce au développement de ses nageoires pectorales, qui s'étendent jusqu'à la queue et qui sont étendues comme des ailes.

LE REMORA.

Le remora, qu'on trouve dans l'Océan, porte sur la tête un appareil qui lui permet d'adhérer fortement aux corps étrangers. On a raconté toutes sortes de fables sur la propriété de ce poisson et l'on a été jusqu'à lui attribuer le pouvoir d'arrêter un vaisseau dans sa course ; ces exagérations ne sont que ridicules et n'ajoutent rien au merveilleux de l'organisme de cet animal.

Les habitants des côtes de Guinée utilisent la faculté particulière du remora en l'employant comme pêcheur ; à cet effet, ils attachent une ligne à la queue de l'animal, le lâchent à la poursuite des poissons, et, lorsqu'ils le sentent fixé sur quelque proie, le ramènent au bord, et s'emparent de sa capture.

D'autres poissons jouissent également de propriétés spéciales, où sont remarquables par l'anomalie de leur structure :

LES DIODONS et les TEDRODONS possèdent la propriété de se gonfler comme des ballons en avalant de l'air et en distendant leur estomac.

L'ORÉOSOME, petit poisson sans écailles, aussi large que haut, est hérissé de gros cônes semblables à des pains de sucre : ces cônes se durcissent et finissent par former des coques solides. Ce monstrueux petit animal ressemble à ces êtres fantastiques, tels qu'en rêvent les artistes chinois. Il habite l'Océan atlantique.

La Sole, la Plie, le Turbot et autres poissons plats, au lieu d'avoir les yeux placés de chaque côté de la tête, en portent deux du même côté et point de l'autre.

La Lamproie a la bouche conformée de telle manière, qu'elle ne peut vivre qu'en suçant les liquides qu'elle va puiser dans le corps des autres animaux.

Les Saumons, lorsqu'ils remontent le cours d'une rivière et qu'ils sont arrêtés par une digue, appuient la queue sur quelque roche, redressent tout à coup avec violence, leur corps courbé en arc, et s'élancent hors de l'eau; ils sautent quelquefois à une hauteur de plus de quatre mètres, et vont retomber au delà de l'obstacle qu'ils voulaient franchir.

Les Anabas, qui habitent la Chine et les Indes, peuvent non-seulement se traîner sur le rivage et rester fort longtemps hors de l'eau, mais encore grimper quelquefois sur les arbres.

L'Archer, qui vit dans le Gange, a le talent de lancer des gouttes d'eau sur les insectes reposés sur les feuilles aquatiques, afin de les faire tomber dans l'eau et de les croquer.

N'est-ce pas qu'il y a de bien singulières choses dans la nature?

LE HARENG.

Le hareng n'a rien de remarquable dans la forme, n'est doué d'aucune propriété particulière, mais se distingue par son humeur voyageuse et son besoin de sociabilité : qui n'a pas entendu parler des migrations de ces poissons?

Tous les ans, vers le printemps, les harengs quittent la mer du Nord, qu'ils habitent, et se dirigent vers le sud; ils voyagent en deux colonnes serrées et forment des corps qui occupent souvent dix lieues de longeur et plusieurs centaines de mètres d'épaisseur. Ces masses considérables sont nommées par les pêcheurs, *bancs de poissons.*

On suppose que les harengs n'émigrent que pour aller déposer leur frai dans les endroits favorables à son développement. On connaît la fécondité extraordinaire de ces poissons; elle est telle que, s'ils n'avaient point d'ennemis pour les détruire, les harengs finiraient par combler les mers. On sait également que l'homme tire un grand profit de ce poisson, et que des flottes considérables sont uniquement occupées de sa pêche. A ce point de vue, le hareng peut-être regardé comme un des animaux les plus utiles, car non-seulement il nourrit le monde de la mer, mais il fait encore vivre de nombreuses familles humaines.

Les harengs ne sont pas les seuls poissons voyageurs : LES SARDINES, LES MAQUEREAUX, LES THONS, LES ANCHOIS, etc., sont aussi des poissons de passage; leurs migrations ressemblent beaucoup à celles des grues, des pigeons, des hirondelles et autres oiseaux qui changent de climat tous les ans. Les aloses, les lottes, les saumons, quittent l'eau salée et remontent le cours des fleuves, à certaines époques de l'année. Ces derniers observent en nageant, l'ordre suivi par les cigognes en volant, c'est-à-dire, qu'ils se placent sur deux colonnes, et marchent sous la conduite d'un chef de file.

LES INSECTES.

Les insectes sont des animaux articulés, dont le corps est divisé en trois parties distinctes : la tête, le thorax et l'abdomen ; ils sont munis de six pattes, respirent par des trachées, subissent généralement des métamorphoses et sont presque tous pourvus d'ailes.

On les divise en dix ordres.

La classe des insectes est celle qui compte le plus grand nombre d'individus. Comme ils peuvent nager, ramper, voler, sauter, que leur taille, souvent microscopique, leur permet de se glisser dans les plus petites ouvertures, on peut dire qu'il n'est point d'endroit, ni de matière organique qui n'en renferme ; on en trouve partout : dans l'air, dans l'eau, dans la terre, dans les immondices, sur le corps et dans les entrailles de tous les animaux vivants ou morts ; chaque arbre, chaque feuille, chaque brin d'herbe en recèle, et la nature entière est leur tributaire.

Les insectes respirent par le ventre à l'aide d'ouvertures appelées stigmates et de vésicules aériennes, placées sous le corselet. Ils accomplissent des métamorphoses à trois époques de leur existence et se présentent sous quatre aspects différents : d'abord ils sont *œufs;* ces œufs donnent naissance à une *larve* qui varie de forme suivant les espèces, mais qui, généralement, est une chenille ou une bestiole ressemblant à un ver; cette larve, après avoir vécu plus ou moins longtemps, s'enferme dans une enveloppe et demeure sans mouvement durant un certain espace de temps. Sous cette forme, l'insecte prend le nom de *nymphe.* C'est pendant cet état de repos apparent que s'accomplit le travail de sa dernière métamorphose. Ce résultat obtenu, la coque se brise, et l'on en voit sortir l'*insecte parfait,* c'est-à-dire un papillon, une mouche, un hanneton, etc.

Dans la plupart des cas, la larve est tellement différente de l'insecte parfait, qu'on ne pourrait la reconnaître; d'autres fois, la larve ne se modifie que par le développement de ses ailes : on désigne ces divers degrés de transformation sous les noms de *métamorphose complète* et de *demi-métamorphose.*

Enfin, il existe quelques insectes qui ne subissent aucune métamorphose et qui naissent avec tous les organes dont ils doivent être pourvus : ces insectes sont toujours privés d'ailes.

Après ces trois stations dans son existence, l'insecte vit pendant un temps qui ne dépasse guère une saison, dépose ses œufs dans un lieu toujours choisi, et meurt.

Les insectes ne sont pas seulement remarquables par leurs étonnantes métamorphoses; leurs mœurs sont non moins curieuses, et l'on ne saurait trop admirer le merveilleux instinct qui les dirige dans toutes leurs actions. La vie d'un insecte parfait étant généralement de courte durée, bien peu sont appelés à voir leurs petits vivants : forcé d'abandonner ses œufs et ne pouvant s'occuper des larves qui doivent en sortir, l'insecte a été doué par la nature de l'incroyable faculté de prévoir à leurs besoins, et de choisir le lieu précis où se trouve la nourriture qui leur est propre. Cette nourriture est quelquefois tellement différente de la sienne, que la substance qui convient à ses enfants lui peut être mortelle : c'est ainsi que certains insectes qui ne vivent que de végétaux, vont déposer leurs œufs dans le corps des bêtes crevées, parce que les larves à naître ne se nourrissent que de viandes corrompues ; d'autres, véritables insectes de proie, laissent tomber leurs œufs dans l'eau, élément qui leur serait fatal s'ils y tombaient eux-mêmes. Certains, vont loger leurs œufs dans l'écorce des arbres et déposent des provisions à côté de ces œufs. Tous enfin savent distinguer la plante ou l'animal nécessaires à la future larve : jamais ils ne se trompent, jamais ils ne confondent un arbre avec un autre, ni un animal avec un autre animal !

N'est-ce point là un prodige de discernement ?

Si, jetant les yeux sur les travaux accomplis par ces petits êtres, on observe l'ordre et la discipline qui régnent dans leur phalanstère ; si on les voit se distribuer le travail, se prêter un mutuel appui, se concerter devant le danger, combiner leurs efforts, et sacrifier tout intérêt personnel pour concourir au bien-être général, on est frappé d'admiration ; si, examinant l'insecte isolé, on remarque les ruses qu'il médite, l'adresse qu'il déploie pour se nourrir et se défendre ; si on lui voit

accomplir des actions souvent complexes, ou modifier ses
moyens suivant les circonstances, on ne peut s'empêcher de reconnaître que ces êtres infimes ne sont pas
moins bien doués que les animaux dits supérieurs, et
que le ciron n'a rien à envier à l'éléphant.

I. — LES COLÉOPTÈRES.

LE HANNETON.

Le hanneton, qui fait la joie des enfants et la terreur
des jardiniers, est un insecte des plus nuisibles, surtout
à l'état de larve. Ces larves, qui se présentent sous l'aspect de gros vers blancs à tête rouge et à fortes mandibules séjournent dans la terre et se nourrissent de racines
des arbres et des plantes. Elles demeurent sous cette
forme pendant trois années, au bout desquelles ces
larves se changent en nymphes. Ces nymphes restent
dans leur coque durant tout l'hiver; à la fin d'avril
l'insecte sort de sa prison et va bourdonner dans les
arbres.

Le hanneton, insecte parfait, conserve la voracité
de son premier état; après avoir dévoré les racines des
plantes étant larve, il se jette sur les bourgeons et les
fleurs et en détruit une quantité considérable. Dans
certaines années, ces insectes paraissent en si grand
nombre qu'ils ne laissent aucune feuille sur les arbres;
fort heureusement, les petits oiseaux accourent nous
défendre et protégent nos vergers, en dévorant ces dévastateurs.

Le hanneton, comme insecte parfait, ne vit qu'une saison et dépose ses œufs dans la terre.

Le hanneton appartient à l'ordre des coléoptères, qui renferme plus de trente mille espèces.

Les coléoptères subissent une métamorphose complète.

LE LAMPYRE.

Vous avez remarqué, sans doute, en vous promenant à la campagne pendant les chaudes soirées, l'insecte lumineux appelé lampyre ou plus communément VER LUISANT? La lueur phosphorescente que produit cet insecte, et dont on ne connaît pas la cause, est au moins fort extraordinaire. Dans les contrées méridionales de l'Amérique, certains Taupins, insectes du même ordre, jettent des lueurs d'une bien plus grande puissance : quand ils voltigent dans l'obscurité, on croirait voir jaillir des étincelles. Les femmes placent ces insectes dans leurs cheveux en guise d'ornements; les voyageurs les fixent au bout de leurs souliers pour éclairer le chemin, et cette lumière est assez éclatante pour signaler les obstacles ou les fondrières.

II. — LES ORTHOPTÈRES.

LES SAUTERELLES.

Les sauterelles changent de climats, comme certains

oiseaux et certains poissons. Leur arrivée est toujours

une calamité pour le pays qu'elles visitent; le feu ne causerait pas plus de ravages que leur présence : elles voyagent en nombre si considérable que le soleil en est obscurci. Leurs essaims forment parfois en s'abattant sur le sol, une épaisseur de trente centimètres, sur cinq ou six kilomètres d'étendue. Les migrations de ces insectes sont connues depuis la plus haute antiquité. On en parle dans l'Ancien Testament et elles figurent au nombre des plaies d'Égypte. Il est probable qu'on trouvera le moyen de se délivrer de ces ravageurs et même de les utiliser. Déjà, plusieurs peuples d'Afrique mangent les sauterelles et en font des conserves.

La sauterelle est remarquable par la taille et la force de ses pattes postérieures, qui lui permettent de sauter à de grandes distances.

III. — LES NÉVROPTÈRES.

L'ÉPHÉMÈRE.

Cet insecte est curieux à plus d'un titre : comme larve, il vit dans l'eau pendant trois années ; comme insecte parfait, il vit trois heures à peine. Il ne subit qu'une demi-métamorphose, et la nymphe ne diffère de la larve que par la présence des fourreaux que renferment ses ailes. Au moment d'accomplir sa dernière métamorphose, la nymphe quitte les eaux, voltige avec ses fourreaux et va se poser sur quelque mur ou sur quelque arbre du voisinage. Aussitôt posée, la nymphe secoue violemment son enveloppe, qui ne tarde pas à s'ouvrir, et l'insecte apparaît avec ses ailes transparentes et ses longues pattes. C'est ordinairement vers le soir, après le coucher du soleil, que s'accomplit cette transformation, — qu'on pourrait appeler un changement à vue : avant le lever de cet astre, l'éphémère a cessé de vivre.

Pendant sa courte existence, elle voltige au-dessus des eaux et y laisse tomber ses œufs.

LE TERMITE.

Les termites, appelées aussi fourmis blanches, qui habitent l'Inde, l'Amérique méridionale et l'Afrique, construisent des fourmilières qui sont de véritables monuments, capables d'abriter une famille humaine. Certaines de ces fourmilières s'élèvent à plus de trois mètres au-dessus du sol, et souvent on les confond avec la hutte des nègres. Ces édifices, construits avec de la terre délayée, sont tellement durs et résistants, que pour les démolir on est obligé d'employer la pioche ou le marteau.

IV. — LES HYMÉNOPTÈRES.

LES FOURMIS.

Les fourmis sont des insectes carnassiers qui se trouvent répandus dans tous les pays tempérés et sous la zone torride. Ils vivent en société et forment des communautés indépendantes, qu'on appelle fourmilières.

Chaque fourmilière est composée de trois catégories d'individus : les mâles, les femelles, les neutres ou ouvrières; ces dernières, de beaucoup plus nombreuses, sont les seules qui travaillent. Elles construisent sous terre un nid oblong dans lequel se trouvent plusieurs passages et divers magasins et appartements. Ces nids atteignent parfois des dimensions considérables et peuvent s'élever à plusieurs mètres au-dessus du niveau du sol.

Les mœurs des fourmis sont très-intéressantes à observer. Plusieurs ouvrages traitent de cette matière; on fera bien de les consulter, car ici nous ne pouvons qu'en dire un mot.

Une fourmilière ressemble à une manufacture : le travail y est divisé, chaque ouvrière a son emploi, et aucune ne s'occupe de ses besoins personnels.

La construction et l'entretien du nid, le transport, l'emmagasinage et la recherche des provisions, le soin des œufs et l'éducation des larves, sont les occupations principales de ce peuple actif.

Outre leurs travaux ordinaires, les fourmis élèvent encore des troupeaux qui sont pour elles des espèces de vaches à lait. Ces troupeaux sont composés des petits insectes, connus sous le nom de pucerons : ces insectes distillent une matière sucrée que les fourmis recherchent avidement. Pour obtenir ce liquide, les fourmis chatouillent le puceron avec ses antennes, et cette action provoque l'épanchement de la liqueur, dont la fourmi se régale aussitôt.

Les fourmis ne sont pas seulement travailleuses infatigables, elles sont encore guerrières et conquérantes. Il arrive souvent que des fourmilières voisines se déclarent la guerre et que leurs habitants se livrent des combats terribles. Ces batailles n'ont d'autre but que la capture des prisonniers et le pillage des troupeaux : les vaincus sont emmenés dans le camp des vainqueurs, réduits à l'esclavage, et condamnés aux travaux forcés.

Les grandes fourmis noires d'Amérique sont extrêmement redoutables ; leur piqûre est très-douloureuse. Les grands animaux qui s'approchent de trop près de leur fourmilière, payent quelquefois de leur vie leur imprudence ou leur audace. L'homme qui s'endormirait dans le voisinage de ces insectes, serait perdu : ils se jetteraient sur lui en grand nombre, le piqueraient au point de lui faire perdre connaissance et le dévoreraient pour ainsi dire tout vivant. Ces fourmis rongent si promptement un cadavre, qu'en peu de temps, il ne reste plus que le squelette parfaitement nettoyé. Dans notre pays même, les fourmis, sans être dangereuses, montrent une extrême voracité : quand on veut obtenir le squelette d'un petit animal, tel qu'un oiseau, une taupe ou un rat, on n'a qu'à fixer le sujet au bout d'un bâton et le planter sur une fourmilière ; en quelques jours, on possédera ce squelette, net et mieux préparé que s'il sortait des mains du plus habile ouvrier.

La famille des fourmis est très-nombreuse ; toutes n'ont pas les mêmes mœurs, ni les mêmes habitudes, mais toutes sont extrêmement actives. Il y en a de noires, de rouges, de vertes, de jaunes, de blanches, etc. La plupart des fourmis passent l'hiver dans un état complet d'engourdissement.

L'ICHNEUMON.

L'ichneumon, est un insecte qui porte à l'extrémité de son abdomen une longue tarière destinée à perforer les corps dans lesquels il veut déposer ses œufs. Beaucoup d'insectes sont munis de ces appendices, la cigale entre autres. L'ichneumon n'a pas besoin d'une bien forte tarière, puisqu'il ne dépose ses œufs que dans le corps des chenilles et des larves molles. Ces œufs, devenus larves à leur tour, se nourrissent de la chair de leur hôte forcé, le dévorent tout vivant, et tout entier, s'il est de petite taille.

Il existe une espèce d'ichneumon qui rend de grands services à l'agriculture. Cet insecte s'attache particulièrement aux larves qui vivent dans les grains de blé; il en détruit considérablement en déposant ses œufs dans leurs corps.

LES ABEILLES.

Les abeilles vivent en société, ou plutôt en famille, car toutes les abeilles d'une ruche provenant de la même mère sont conséquemment sœurs. Cette mère, à laquelle on donne improprement le titre de reine, ne se mêle pas des affaires de l'État, et n'est occupée qu'à pondre ses œufs dans des cellules préparées, à cet effet, par ses enfants et sujets.

Le gouvernement des abeilles est à peu près constitué comme celui des fourmis. Un essaim renferme trois catégories de personnages : les femelles ou reines, les mâles, et les neutres ou mulets. Ces derniers forment la

classe des travailleurs, et s'occupent de la confection de
la ruche, de l'éducation des enfants et de la récolte du
suc des fleurs : ils sont ordinairement au nombre de
quinze à vingt mille par essaim. Les faux bourdons, ou
mâles, au nombre de huit à neuf cents, sont plus gros

et de couleur plus foncée que les neutres, et forment
la partie aristocratique de l'État ; ils n'ont rien autre
chose à faire qu'à butiner pour leur propre compte et à
escorter la reine, quand elle voltige dans les airs.

Les reines, au nombre de cinq ou six, sont plus
petites que les mâles et plus grosses que les neutres.
Ces reines se livrent entre elles des combats terribles,
jusqu'à ce que la plus forte demeure maîtresse du ter-

rain; les vaincues qui survivent, quittent les ruches et
vont fonder ailleurs d'autres essaims.

Le travail des abeilles neutres semble uniquement
consacré à la génération future. Elles établissent dans
les ruches un grand nombre de cellules régulières, de
figure hexagonale; ces cellules sont des logements pré-
parés pour recevoir les œufs de la reine-mère. Trois
jours après que celle-ci a déposé un œuf dans une de
ces cases, il sort de cet œuf une larve ayant l'aspect
d'un petit ver; aussitôt, les ouvrières prennent soin du
nouveau-né, lui donnent des aliments et veillent sur
lui avec une grande sollicitude. Six jours après, cette
larve a atteint toute sa croissance. Alors les travailleuses bouchent avec de la cire l'entrée de la cellule,
afin de permettre à la larve d'accomplir, en toute sécurité, sa transformation en nymphe : dès que cette
nymphe s'est métamorphosée et qu'elle sort de sa cellule insecte parfait, les ouvrières s'empressent autour
de la jeune abeille, lèchent les parties humides de
son corps, lui apportent du miel et la soignent jusqu'au
moment où, devenue plus forte, elle peut déployer ses
ailes et partager les travaux communs.

Les abeilles ouvrières sont toutes armées d'un
aiguillon : les faux bourdons n'en ont pas. Vers le mois
de septembre, c'est-à-dire aux approches de l'hiver,
les travailleuses ne voulant pas de paresseux dans la
société, refusent l'entrée des ruches aux faux bourdons;
ceux-ci, qui ne trouvent plus de fleurs à butiner, et qui
voudraient vivre aux dépens de la communauté jusqu'au
retour du printemps, forcent l'entrée des ruches; les
travailleuses indignées, entrent alors dans une grande

colère, se jettent sur les intrus et les transpercent de leurs dards.

C'est en butinant sur les fleurs que les abeilles récoltent les substances avec lesquelles sont formés le miel et la cire.

V. — LES LÉPIDOPTÈRES.

LES PAPILLONS.

Les papillons se distinguent des autres insectes volants par la forme de leurs ailes : ces ailes sont couvertes d'une multitude de petites écailles dont la diversité de couleurs et l'arrangement produisent les plus jolis effets. Les yeux du papillon, comme ceux de beaucoup d'autres insectes, ressemblent à des diamants taillés à facettes. — On a compté jusqu'à six mille facettes sur la cornée d'une puce ; l'œil du papillon en contient plus de dix-sept mille. — La plupart des papillons sont munis d'une trompe qui leur permet de fouiller les fleurs jusqu'au fond du calice : quand l'animal voltige, cette trompe demeure enroulée, comme le ressort d'une montre.

Ce charmant petit insecte, aux allures vives, au vol capricieux, qui ne se nourrit que du suc des fleurs, qui lui-même semble une fleur animée, ne cause aucun dommage aux plantes, mais il pond des œufs, et ces œufs donnent naissance à des chenilles qui dévorent les bourgeons naissants, les feuilles, les fruits, etc.

Beaucoup de ces chenilles passent l'hiver en commun, enveloppées dans des toiles qu'elles savent ourdir, et ne subissent l'état de nymphe qu'à l'approche du printemps. D'autres espèces, accomplissent cette métamorphose avant la mauvaise saison, et restent dans cet état durant tout l'hiver.

LE BOMBIX DU MURIER.

C'est à la larve de ce papillon que l'on doit les étoffes de soie, dont se parent toutes les dames.

Cette larve est une chenille, connue sous le nom de Ver a soie. Avant d'accomplir sa première métamorphose, cette chenille se tisse une enveloppe avec un fil qu'elle tire de son corps par la bouche : avec ce fil, qui dépasse souvent six cents mètres de longueur, l'animal se façonne une coque, à laquelle on a donné le nom de cocon. C'est dans cette coque, que la chenille, parfaitement à l'abri, se transforme en nymphe : au bout de quinze à vingt jours, elle sort de sa prison insecte parfait, sous l'aspect d'un papillon blanc assez laid.

C'est le fil qui entoure le cocon qui sert à fabriquer les tissus de soie.

VI. — LES HÉMIPTÈRES.

LA CIGALE.

Beaucoup de personnes confondent la sauterelle avec la cigale, surtout avec la grande sauterelle verte qu'on trouve fréquemment dans les blés. Ces deux insectes sont pourtant bien différents, et il suffit de les

avoir vus une seule fois pour ne pas se méprendre ; ils
n'ont de rapport entre eux que le bruit qu'ils produisent : la sauterelle, en frottant ses élytres l'un contre
l'autre, la cigale, en faisant vibrer une espèce de tympan
qu'elle porte sous la base de son abdomen.

La cigale a le corps ramassé, la tête à peine distincte du thorax, des ailes qui dépassent de beaucoup le
corps ; point de mâchoires, puisque sa bouche est disposée pour la succion, point de grandes pattes muscu-
leuses, si remarquables chez la sauterelle.

La cigale habite les contrées tempérées et les pays
chauds. Dans les environs de Paris elle n'est pas très-
commune ; il faut descendre jusque dans le midi de la
France pour la rencontrer en grand nombre. Elle meurt
avant l'hiver. Elle n'a donc pas besoin d'aller crier famine, chez la fourmi sa voisine, quand arrive la bise ;
celle-ci, d'ailleurs, ne pourrait l'entendre, étant elle
même complétement engourdie à cette époque.

LA CHIQUE.

Le nombre des insectes qui vivent aux dépens des
autres animaux est incalculable, tous les êtres vivants,
sans en excepter les insectes eux-mêmes, nourrissent des parasites. Chaque animal a le sien, ou les siens
particuliers : l'éléphant malgré son cuir épais, le crocodile, malgré sa cuirasse, n'en sont pas plus exempts que
les autres. Quand l'insecte ne peut se glisser sous la
peau, il pénètre par la bouche et va se loger dans l'estomac et dans les intestins de l'animal. Chaque partie
du corps a d'ailleurs ses parasites spéciaux, sans parler

de ceux fournis par la classe des helminthes. Ainsi le
pou, qui vit sur le cuir chevelu de l'homme, ne ressemble en rien à la chique qui va s'établir dans son
pied.

Ce petit animal, espèce de ciron à peine visible,
est très-commun à Surinam et dans les parties méridionales de l'Amérique. On le trouve mêlé à la poussière.
Il saute comme une puce, va se fixer aux pieds de
l'homme, s'introduit sous la peau, et se loge particulièrement dans l'orteil. La chique opère d'une façon si
subtile, qu'il est impossible de s'en apercevoir. On ne
constate sa présence que lorsqu'elle commence à se
développer; il faut alors s'en débarrasser au plus vite
sans quoi, les douleurs deviendraient intolérables et
des accidents funestes pourraient en résulter. Les nègres,
qui marchent pieds nus, sont souvent atteints par ces
petits êtres, qui sont d'autant plus dangereux qu'ils
sont invisibles. Les femmes nègres excellent dans l'art
d'extirper la chique. Il paraît que cette opération
demande beaucoup d'adresse et d'habileté : si on la
manque, le parasiste pénètre plus avant dans les chairs,
et sa présence apporte de telles perturbations dans
l'économie, que l'amputation du membre devient quelquefois nécessaire.

Un de nos savants les plus estimés, voulant faire
connaître ce parasite à ses collègues d'Europe, laissa
une chique logée dans son orteil et s'embarqua pour la
France. Il supporta la douleur jusqu'à mi-chemin ; elle
devint bientôt si violente, qu'il dut se résoudre à faire
extirper le parasite : l'opération ne réussit point et le
savant périt victime de son amour de la science.

VII. — LES DIPTÈRES.

LES MOUCHES.

La famille des mouches est considérable : elle se divise en plus de mille variétés.

La mouche dorée, qui est très-commune, avant de voltiger, vivait dans le fromage. Les vers connus sous le nom d'asticots, ne sont rien autre chose que les larves de cette mouche. Au moment de leur transformation, ces vers quittent le fromage et vont se réfugier dans quelques coins; leur peau se durcit et devient raide comme du parchemin; ils demeurent un certain temps dans cet état de nymphe, et un beau jour, l'asticot sort de son étui avec des ailes transparentes.

LE TAON DU BŒUF.

La grande mouche connue sous ce nom, dépose ses œufs sur le dos du bœuf, entre cuir et chair. La présence de cet œuf provoque un petit abcès dont l'humeur sert de nourriture à la larve, durant toute son existence. Aussitôt que cette larve veut se transformer en nymphe, elle quitte son trou, se laisse tomber à terre et va chercher une retraite convenable pour accomplir cette métamorphose. Le bœuf est très-tourmenté par ces larves qu'il nourrit de sa chair, parce qu'elles sont parfois en grand nombre et logées dans les endroits que l'animal ne peut gratter. Ces larves sorties, les petits abcès se cicatrisent promptement.

Les taons de l'antilope Saïga s'attachent en si grand nombre à ce quadrupède, qu'ils font périr des troupeaux entiers.

L'ŒSTRE.

L'œstre, ou taon du cheval, procède autrement : il loge ses œufs après le poil de la bête, dans les parties les plus souvent léchées par l'animal — particulièrement sur les jambes de devant. Lorsque ces œufs arrivent à maturité, il en sort un ver qui se colle au poil du cheval : celui-ci, en se léchant, atteint quelques-uns de ces vers, qui se fixent aussitôt après la langue du quadrupède, afin d'être entraînés dans son corps avec les aliments. Une fois dans l'estomac du cheval, ces larves se développent et deviennent de gros vers hideux, tout couverts de piquants. Lorsque l'époque de leur métamorphose arrive, ces larves replient les épines qui les aidaient à s'accrocher, et se laissent entraîner avec les excréments.

LE COUSIN.

Les cousins, dont les piqûres nous causent des démangeaisons si cuisantes, vivent dans l'eau, quand ils sont à l'état de larves. Ces larves, qui ressemblent à des petites chenilles, respirent par un tube placé à l'extrémité de leurs corps : c'est donc la tête en bas qu'elles se présentent à la surface des eaux. A l'état de nymphe, l'insecte continue à vivre dans l'eau, principalement à la surface. Quand arrive le moment de sa transformation, la nymphe brise son enveloppe, et l'insecte parfait demeure sur la dépouille qu'il vient de quitter — et qui lui sert alors de nacelle — le temps nécessaire à la dessication de ses ailes : c'est le moment critique pour l'animal, car la plus légère brise peut faire chavirer sa frêle embarcation et le noyer, ce qui arrive très-souvent.

Le cousin dépose ses œufs à la surface de l'eau; ils sont enduits d'une matière grasse qui les empêche d'enfoncer. Aussitôt qu'ils arrivent à maturité, les larves se laissent couler au fond.

VIII. — LES RHIPIPTÈRES.

LE XÉNOS

En parlant de la chique, nous vous disions que chaque animal avait ses parasites et que les insectes euxmêmes avaient les leurs. Le xénos, petit insecte n'ayant que deux ailes plissées longitudinalement en forme d'éventail, dépose ses œufs sur le corps des abeilles, des guêpes et autres hyménoptères; ces œufs, devenus larves vivent, sur le ventre de ces insectes et se nourrissent, probablement, du suc qu'ils trouver sur leur corps.

IX. — LES ANOPLURES.

LE POU.

Le pou, ce compagnon inséparable de la misère, ne s'attaque pas seulement à l'homme. Cette famille d'insectes étend son domaine partout où elle trouve une peau vivante à sucer. Il n'est guère de créature qui ne soit tourmentée par un de ces parasites ; l'éléphant a le sien, qui est tellement tenace qu'on ne peut l'arracher : le chien, la baleine, le requin, les oiseaux, tous les animaux enfin, ont des poux spéciaux qui vivent à leurs dépens.

X. — LES THYSANOURES.

LES PODURELLES.

Cet insecte est singulièrement conformé ; son corps est allongé et ses premières pattes sont placées en avant de sa tête ; il porte à l'extrémité de son abdomen deux appendices, qu'il tient repliés sous son ventre, et qui en se redressant, agissent comme un ressort et projette l'animal en avant.

La podurelle se cache sous les pierres ou se tient à la surface des eaux dormantes. On en a trouvé dans les contrées les plus froides du globe. Cet insecte ne subit pas de métamorphose.

La classe des insectes, dont nous avons à peine indiqué quelques sujets, est peut-être la partie la plus intéressante de la zoologie. Les savants les plus illustres se sont occupés de l'étude de ces petits animaux. Si l'on désire les bien connaître, il faut consulter les travaux de Réaumur, Hoock, Cuvier, Muller, Latreille, etc.

LES ARACHNIDES

Les arachnides sont des animaux qui appartenaient autrefois à la classe des insectes; leur conformation n'étant pas la même, on a dû les en séparer, malgré leur analogie, et en faire une classe spéciale qui ne comprend que deux ordres.

I. — LES ARACHNIDES PULMONAIRES.

LES ARAIGNÉES.

La famille des araignées compte un grand nombre d'espèces; toutes n'ont pas les mêmes mœurs ni les mêmes facultés, mais toutes sont carnassières. On connaît l'industrie de l'araignée fileuse; on sait que dix mille fils, sortant des filières de quelques-unes de nos araignées communes, n'égalent pas la grosseur d'un cheveu, tandis que d'autres espèces, propres aux pays chauds, forment des trames si fortes, qu'elles arrêtent les petits oiseaux, et que l'homme est obligé de faire un effort pour les rompre.

Les araignées ont de six à huit yeux, quelquefois

davantage. Leurs filières sont situées à l'extrémité de l'abdomen. Toutes les araignées ne sont pas fileuses : l'ARAIGNÉE SAUTEUSE chasse pour vivre. Elle guette sa proie et s'élance sur elle, suivant la méthode du tigre et de la panthère.

L'ARAIGNÉE AQUATIQUE établit sa demeure au fond des eaux et vit dans une espèce de cloche à plongeur ou plutôt dans un palais aérien, qu'elle forme en allant chercher des bulles d'air à la surface des eaux et dont elle remplit son logis, de même qu'on emprisonne l'air dans les balles en caoutchouc. Le mâle et la femelle demeurent ensemble, mais ont chacun leur appartement séparé.

L'ARAIGNÉE AVICULAIRE, qui habite la Guyane, a le corps aussi gros qu'un œuf de dinde : ses pattes étendues couvriraient un espace de quarante centimètres. Ces araignées monstrueuses vivent sur les arbres et font la chasse aux petits oiseaux, dont elles sucent le sang et les humeurs.

La MYGALE, araignée de même espèce, qui se trouve à la Jamaïque, atteint la grosseur d'un œuf de poule ; ses pattes, au nombre de huit, ne sont pas très-longues, mais sont douées d'une force remarquable. La mygale se construit dans la terre une demeure des plus confortables et très-bien tapissée à l'intérieur ; l'entrée en est fermée par une porte à charnière qui ne peut s'ouvrir qu'en dehors : lorsqu'un ennemi veut pénétrer dans son logis, la mygale maintient la porte avec ses pattes avec tant de vigueur, qu'un petit enfant ne pourrait vaincre cette résistance.

La morsure de cette araignée est venimeuse.

II. — LES ARACHNIDES TRACHÉENS.

LE SCORPION.

Le scorpion, est un animal qui a quelque ressemblance avec l'écrevisse ; il porte de chaque côté de la tête un bras composé de quatre articulations et terminé par une pince ; son corps est divisé en sept segments, et le dernier, qui forme la queue, est muni d'un aiguillon dur et pointu qui sécrète un venin dangereux.

Le scorpion est d'une nature irascible. L'aiguillon dont il est armé lui donne beaucoup d'audace, et on le voit rarement fuir devant le danger. Lorsqu'il est attaqué, il dresse sa queue, présente son dard, et attend l'ennemi. Cet animal mesure quelquefois vingt centimètres de longueur ; il est très-commun dans le midi de la France et dans tous les pays chauds.

La piqûre du scorpion de nos contrées ne peut tuer que des petits animaux, mais ceux qui habitent le Brésil sont redoutables pour l'homme.

Les scorpions vivent sous les pierres, et pénètrent dans les maisons : on en trouve souvent derrière les meubles ou cachés dans les tapisseries.

Le Sarcopte, petit animal à peine visible à l'œil nu, appartient également à la classe des arachnides. C'est lui qui, en s'introduisant sous la peau, produit la maladie dégoûtante qu'on nomme la gale.

LES CRUSTACÉS

On appelle crustacés les animaux articulés qui respirent par des branchies ou par la peau. Cette peau est généralement de consistance si dure, qu'elle forme une espèce de carapace à l'animal, sur toutes les parties de son corps. Les crustacés sont carnassiers et très-voraces; on les trouve dans toutes les mers et dans les eaux douces, sur le sable du rivage, dans le creux des rochers, enfouis dans la terre et même quelquefois grimpés sur des arbres.

La classe des crustacés se divise en cinq groupes dont nous ne citerons qu'un ou deux types. Nous ferons de même pour les animaux des classes suivantes, la place nous manquant pour indiquer les subdivisions et les ordres.

I. — LES DÉCAPODES.

L'ÉCREVISSE.

L'écrevisse d'eau douce habite presque tous les cours d'eau. On connaît la forme de cet animal; on sait qu'il est armé de deux pinces et que sa queue, aussi large que son corps, lui sert de rame pour reculer.

Ce qui caractérise cet animal, c'est la faculté qu'il possède d'abandonner ses pinces lorsqu'elles sont meurtries, ou engagées dans quelques obstacles. Ces pinces repoussent assez promptement ; et, comme l'écrevisse sacrifie tantôt l'une, tantôt l'autre, il arrive bien rarement qu'elles soient de même grandeur. L'écrevisse ne quitte pas seulement ses pinces, elle abandonne encore sa carapace tout entière. Chaque année elle sort de son test, de même que nous quittons des habits trop étroits — c'est, en effet, pour grandir que l'animal accomplit cette opération, parce que cette enveloppe pierreuse ne croît pas avec sa propriétaire. — L'écrevisse reste ainsi toute nue pendant quelque temps ; elle est alors extrêmement timide, et va se cacher sous les pierres et dans les trous ; une peau nouvelle, aussi dure que la première, ne tarde pas à se former, et l'animal reprend ses habitudes.

Les Crabes, les Langoustes, les Homards, etc., sont des crustacés, et tous ces animaux, à part un très-petit nombre, vivent dans l'eau.

Parmi les premiers, on remarque le Crabe-Ermite, dont les habitudes sont assez plaisantes. Celui-ci n'a pas de carapace ; sa peau, quoique de consistance assez ferme, n'est point à l'abri comme celle des autres crabes : il supplée par la ruse à l'insuffisance de ses moyens de défense et va tout simplement se loger dans la cuirasse vide d'un animal de son espèce, et y reste jusqu'à ce que, devenue trop étroite, il soit forcé de l'abandonner pour une autre plus grande. Il arrive parfois que deux crabes-ermites se disputent la même coquille. Ces rencontres amènent toujours des combats meurtriers, car ni l'un ni l'autre ne veut céder sa conquête.

Les Gécarcins, ou crabes de terre, qu'on rencontre aux Antilles et que l'on connaît sous le nom de *tourlourous*, au lieu de vivre dans l'eau, ainsi que les crustacés ordinaires, demeurent sur terre. Ce fait est d'autant plus extraordinaire, qu'ils respirent par les branchies et que ce mode de respiration est incompatible avec la vie terrestre.

II. — LES XIPHOSURES.

LA LIMULE.

La limule est un crustacé des plus singuliers; son corps est divisé en deux parties : la première, recouverte par une véritable cuirasse demi-circulaire, porte les yeux et douze pattes autour de la bouche, qui lui servent de pieds pour marcher et de mâchoire pour broyer; le seconde partie du corps est recouverte par un autre bouclier de forme triangulaire; elle porte en dessous dix pattes qui servent à l'animal autant pour marcher que pour respirer, car ces pattes sont munies de branchies, et c'est par là qu'il respire. Son corps est terminé par une longue queue étroite et pointue, aussi longue que le bouclier, et qui ressemble absolument à la lame d'un fleuret.

Ce crustacé, qui porte cuirasse et épée, habite l'Océan indien et les côtes d'Amérique.

LES VERS

Les animaux qui composent cette classe sont extrêmement nombreux ; la plupart sont tellement petits
qu'on ne peut les voir qu'avec une forte loupe. Ceux-là
vivent généralement dans les intestins des autres animaux ; les autres vers habitent les eaux et quelques
espèces se trouvent dans la terre.

On divise cette classe en cinq groupes principaux.

I. — LES ANNÉLIDES.

LA SANGSUE.

La sangsue, que tout le monde connaît et que beaucoup de personnes ont sentie, habite les mares et les
ruisseaux. Son corps est formé d'anneaux que l'animal
peut étendre et resserrer à sa volonté. La sangsue porte
à chacune de ses extrémités une ventouse ou suçoir
qui lui permet de se mouvoir ; à cet effet, elle fixe
sa bouche sur le sol, rapproche sa queue de sa tête en
pliant son corps, fixe cette queue et s'allonge dans
toute sa longueur ; c'est en répétant ce manége que

l'animal arrive à parcourir d'assez grandes distances.

La bouche de la sangsue est armée de trois dents assez fortes pour percer la peau d'un cheval. On sait qu'elle est avide de sang ; lorsqu'elle trouve l'occasion de s'en repaître, elle s'en gorge tellement qu'elle peut demeurer plusieurs mois sans manger, — le sang qu'elle conserve dans son estomac, lui tenant lieu de nourriture.

La sangsue, comme on ne l'ignore pas, rend de grands services en médecine : elle pratique des saignées locales qui soulagent beaucoup les malades.

LE LOMBRIC.

Le lombric, ou ver de terre, n'a ni os, ni cervelle, ni yeux, ni pattes; son corps est formé d'anneaux, par lesquels il respire ; ces anneaux sont garnis de petites soies raides qu'il dresse ou replie à sa guise; c'est à l'aide de ces épines qu'il peut se mouvoir et se glisser dans la terre. Cet animal, qui paraît si incomplet, possède un privilége que n'ont pas les individus des classes supérieures : il a plusieurs existences à son service. quand on coupe un lombric en morceaux, au lieu de lui arracher la vie, on lui donne autant d'existences qu'on a fait de tronçons, car chacun des fragments se reconstitue et devient un ver nouveau, capable de vivre sans le secours des autres.

Le TÉNIA est un ver plat comme un ruban, qui mesure quelquefois dix mètres de longueur et qui se trouve dans les intestins de l'homme. On l'appelle plus communément VER SOLITAIRE.

LES MOLLUSQUES

Les mollusques sont des animaux qui n'ont point de squelette intérieur; leur corps est mou et visqueux, leur sang incolore, ou légèrement bleuâtre. Les uns, ont le corps nu, les autres, et c'est le plus grand nombre, sont protégés par une coquille. Cette classe contient un nombre considérable d'individus de formes très-variées. On la divise en deux catégories principales, dont chacune compte plusieurs ordres.

I. — LES CÉPHALOPODES.

LE POULPE.

Le poulpe, appelé aussi pieuvre par nos marins, est un mollusque qui atteint parfois des dimensions monstrueuses; son corps est une masse charnue qui n'est soutenue par aucun os, qui n'est protégé ni par une carapace, ni par des écailles, ni par des poils. Lorsqu'il est jeté hors de l'eau, il s'affaisse et tombe comme de la gélatine. La conformation du poulpe est une des plus singulières : sa tête est placée entre le tronc et les pieds, et, lorsqu'il se meut, c'est le corps en haut et la tête en bas; ce corps a la forme d'un sac plus ou moins allongé. Au repos, cet animal ressemble à un paquet informe, autour duquel pendraient des lanières molles ou des lambeaux d'inégales grandeurs; mais lorsqu'il guette sa proie et qu'il étend ses huit pattes, on croirait voir une immense araignée.

Rien n'est plus terrible que cet être hideux : ce corps mou, à la chair presque transparente, qui n'a de résistant que la corne de ses mâchoires, semblables au bec d'un perroquet, possède des armes non moins redoutables que les griffes du lion, les dents du requin ou le venin du serpent. Ces armes, ce sont les huit pieds, autrement appelés tentacules, placés autour de sa bouche. Ces tentacules, qui peuvent s'allonger et se raccourcir à la volonté de l'animal, sont doués d'une force, d'une souplesse et d'une agilité extraordinaires : ils se déploient, s'enroulent se dressent, se nouent, s'élancent, se ramassent, se tordent avec une rapidité vertigineuse. Lorsqu'une de ces pattes élastiques saisit une proie, rien ne peut lui faire lâcher prise. Il serait plus facile de se tirer des anneaux musculeux du boa que des tentacules du poulpe. Une seule suffit pour arrêter un animal six fois plus gros que le poulpe lui-même, et il en a huit à son service. Ce n'est pas seulement à raison de leur force et de leur flexibilité que ces tentacules sont redoutables; c'est surtout à cause des suçoirs qu'ils portent de chaque côté, et dans toute leur longueur.

Ces ventouses, pareilles à la bouche d'une sangsue, possèdent une force d'adhésion si considérable, qu'il est plus aisé d'arracher le tentacule lui-même que de le séparer de l'objet contre lequel il est appliqué. Quand le tentacule s'enroule autour d'une proie, tous les suçoirs agissent simultanément : qu'on juge de la puissance de l'animal lorsqu'il met en jeu ses huit horribles pattes. Dans cette position, non-seulement la victime est réduite à l'impuissance, mais les ventouses qui s'enfoncent dans ses chairs, l'engourdissent à ce point qu'elle perd tout sentiment : maître de sa proie, le poulpe la déchirer avec son bec corné.

Le poulpe est certainement une des créations les plus extraordinaires de la nature, et jamais être plus fantastique n'est sorti de l'imagination des peintres du céleste empire.

Le poulpe commun se rencontre dans presque toutes les mers ; ceux qu'on trouve près des côtes ne dépassent guère plus d'un mètre.

Il existe une espèce de poulpe, encore peu connu, qui atteint des dimensions colossales et qui vit au plus profond des mers. Les observations de plusieurs naturalistes modernes, ne laissent aucun doute à cet égard, et confirment l'opinion des anciens, relative aux monstres sous-marins.

Il y a quelques années, un vaisseau anglais a été enveloppé par le tentacule d'un poulpe géant ; ce tentacule, coupé à coups de hache, remplissait le pont du navire tout entier : qu'on s'imagine l'effrayante dimension de l'animal. Comme on n'a pu s'emparer du monstre, ni conserver le tentacule, beaucoup de zoologistes n'ont accordé aucune créance au rapport du capitaine anglais. Ce qu'il y a de bien certain, c'est que dans la mer des Indes, il n'est pas rare de rencontrer des poulpes mesu-

17.

rant trois mètres de diamètre et dont les tentacules dépassent quinze mètres de longueur.

Quand les Indiens voyagent dans les eaux de ces dangereux mollusques, ils sont toujours armés de haches, afin de pouvoir couper, à l'instant même, le tentacule qui viendrait enlacer leur embarcation ; sans cette précaution, barque et matelots disparaîtraient dans les profondeurs de la mer, et périraient victimes de cet épouvantable animal.

II. — LES GASTÉROPODES.

LE COLIMAÇON.

Les colimaçons, si communs dans nos jardins, sont des animaux qui vivent dans leurs coquilles comme les tortues dans leurs carapaces. Ces mollusques présentent plusieurs singularités : ils sont munis de quatre cornes qu'ils peuvent mouvoir en tous sens et rentrer à volonté ; sur les deux plus grandes, et à l'extrémité, sont placés les yeux de l'animal, de façon que ces yeux regardent dans toutes les directions, puisqu'ils suivent les mouvements des cornes qui les portent.

La coquille du colimaçon est assez friable : lorsqu'elle est brisée par quelque choc, l'animal a le pouvoir de la réparer, alors même qu'elle est presque entièrement détruite.

Le colimaçon passe l'hiver dans la terre, dans un état complet d'engourdissement.

III. — LES PTÉROPODES.

L'YALE.

Cet animal est un petit mollusque qui a le corps enfermé dans une coquille en forme de cornet pointu. Sa tête qui sort par la plus large ouverture, porte de chaque côté du cou des nageoires en forme d'ailes.

Ce mollusque est aquatique.

IV. — LES ACÉPHALES.

L'HUITRE.

L'huître, est un animal sans tête, qui vit enfermé dans une coquille et demeure accroché aux rochers.

Cette coquille est composée de deux plaques, reposées l'une sur l'autre et réunies par une espèce de charnière.

Quand l'animal veut manger, il ouvre ses coquilles et l'eau de la mer lui apporte les substances qui lui sont nécessaires. Quand il redoute un danger, il ferme ses deux plaques et les tient si solidement jointes, qu'il faut un couteau pour les ouvrir.

La chair des huîtres étant fort recherchée des gourmands, la pêche de ce mollusque est devenue l'objet d'une importante industrie.

Les huîtres ne deviennent bonnes qu'après avoir été parquées, c'est-à-dire avoir séjourné pendant quelque temps dans un bassin communiquant avec la mer.

Les huîtres les plus estimées sont celles de Cancale.

C'est dans l'huître qu'on trouve les perles avec lesquelles on confectionne des parures.

La pêche de l'huître perlière se fait en Asie et en Amérique, principalement dans le golfe Persique. Cette pêche est des plus pénibles et des plus périlleuses. C'est en plongeant, et en retenant leur haleine, que les pêcheurs vont arracher les huîtres sur leurs bancs de rochers. Ces malheureux non-seulement peuvent mourir par asphyxie, mais courent encore le risque d'être avalés par les requins. Les dames qui portent des perles ne savent guère au prix de quels dangers on a pu leur procurer ce futile ornement.

Les jolis coquillages, qu'on trouve en si grande abondance sur le bord de la mer, appartiennent aux animaux de la classe des mollusques. Beaucoup de ces coquillages ont des formes très-originales, sont décorés des nuances les plus vives, et présentent les dessins les plus capricieux. Certains coquillages ressemblent à de la porcelaine peinte ; d'autres, d'une délicatesse extrême, paraissent faits de la même substance que la perle. Ceux-ci, portent des couleurs sombres; ceux-là, montrent la pourpre la plus éclatante, etc.

Un grand nombre de personnes collectionnent les coquillages et les disposent de manière à charmer les yeux : c'est ce qui a fait dire à Lamarck qu'une belle collection de coquillages, convenablement disposée, offre l'aspect d'un parterre orné de fleurs et cède à peine en beauté à une riche collection de papillons.

LES ZOOPHYTES

Le mot zoophyte signifie animal-plante. On désigne par ce nom tous les animaux qui semblent vivre et croître à la façon des plantes ; ils sont très-nombreux et tous aquatiques. Les uns nagent librement ; les autres demeurent fixés aux rochers. On ne connaît pas encore tous les êtres qui se rattachent à cette classe, et chaque jour on découvre de nouveaux détails concernant les mœurs et les propriétés de ces singuliers animaux.

I. — LES ÉCHINODERMES.

L'OURSIN DE MER.

La classe des zoophytes est celle qui renferme le plus d'étrangetés. L'oursin de mer, qu'à première vue on prendrait pour un gros marron enfermé dans son brou, est un animal dont le corps, en forme de boule, est recouvert d'une croûte osseuse, garnie de piquants flexibles au nombre de plusieurs milliers. Ces piquants sont des tentacules que l'animal peut retirer ; ils lui servent de moyen de locomotion et de moyen de défense : la bouche est placée sur le côté aplati de la boule et les piquants qui entourent cette bouche, sont ceux qui donnent l'impulsion quand l'animal veut se mouvoir.

L'ÉTOILE DE MER.

Après l'animal-boule, voici l'animal-étoile. Cet être bizare est composé de cinq branches, en forme d'étoiles, qui sont réunies par un point central, qui est la bouche; chaque rayon est garni d'une quantité prodigieuse de tubes courts, mous et charnus qui sont autant de tentacules avec lesquels l'animal saisit sa proie, marche, et s'accroche aux rochers.

II. — LES POLYPES.

L'ACTINIE.

Nous vous offrons maintenant une fleur-animal, c'est l'actinie, ou ANÉMONE DE MER.

Lorsqu'on la voit sur un rocher, étalant ses riches couleurs et s'épanouissant comme une véritable fleur, on ne pourrait jamais la supposer animée. La ressemblance est si grande, que pendant longtemps on a méconnu sa véritable nature, et qu'on l'a considérée comme appartenant au règne végétal. Les lamelles, qui figurent les pétales de cette anémone, ne sont rien autre chose que des tentacules avec lesquels l'animal saisit et retient sa proie : quand l'anémone s'épanouit, c'est qu'elle pêche : elle étend alors ses tentacules et les laisse flotter librement, afin de recevoir les substances qui lui servent de nourriture ; quand l'anémone se ferme, c'est pour absorber ces mêmes substances, ou pour se soustraire à quelque danger.

L'épanouissement de ces plantes animées ne se produit pas insensiblement comme celui des fleurs, mais instantanément : l'anémone s'épanouit et se ferme, de même que l'escargot sort et rentre ses cornes.

On trouve des anémones dans presque toutes les mers, fixées aux rochers du rivage. Elles sont quelquefois si nombreuses que l'on croit voir des jardins sous les flots.

LE CORAIL.

De l'animal-plante, passons à l'animal-pierre, — on peut appeler ainsi les polypiers, puisqu'ils sont formés de la peau ossifiée de l'animal. — Les anciens naturalistes pensaient que les polypiers étaient des minéraux à cause de leur enveloppe calcaire ; d'autres, les prenaient pour des végétaux pétrifiés à cause de leurs formes ramifiées. Une étude plus sérieuse a démontré que les polypiers appartiennent au règne animal, et qu'ils paraissent servir de trait d'union entre les trois règnes. De façon qu'on pourrait, en quelque sorte, les définir en disant :

Le polypier est un arbre de pierre animé.

Cette bizarre création est un des plus grands phénomènes de la nature, autant par son mode de formation que par l'importance de ses résultats.

Le polypier est composé par l'agrégation de myriades d'individus ; la manière dont s'opère cette agglomération est des plus curieuses : essayons de l'indiquer.

L'animal est très-petit par lui-même et n'a guère plus de cinq centimètres; son corps est cylindrique et mou. L'une de ses extrémités, qui forme la bouche, est entourée de tentacules dans le genre de celles des anémones; l'autre extrémité est disposée de façon à adhérer fortement aux corps étrangers, sur lesquels l'animal est destiné à vivre. A une certaine époque de son existence, sa peau se durcit et lui forme une enveloppe calcaire.

Ces animaux se reproduisent par des œufs, et par bourgeonnement, comme les greffes des plantes; ces bourgeons naissent sur différentes parties de l'animal, s'y développent, et ne s'en séparent plus; de manière que les générations, se greffant les unes sur les autres, finissent par former des masses considérables, dans lesquelles tous les individus d'une même race vivent et meurent sans se quitter jamais. La peau de l'animal, étant devenue calcaire, est préservée de toute décomposition, et il est probable que ses organes s'ossifient de la même manière, quand il cesse de vivre.

Ces polypes pullulent dans certaines mers au point de recouvrir les chaînes des rochers sous-marins et de former en s'agrégeant des amas immenses. Arrivés à la surface de la mer, les polypiers cessent de croître en hauteur, mais continuent de se ramifier sous les eaux et s'étendent si loin qu'ils deviennent de véritables récifs. Bientôt les débris, charriés par les vagues, sont arrêtés par ces récifs, les vides se comblent, une élévation se forme; des semences, apportées par les oiseaux, poussent; une végétation vigoureuse ne tarde pas à s'élever sur cet amas de polypiers, et une île nouvelle prend naissance.

On prétend que beaucoup de récifs et d'îles de l'océan Pacifique n'ont pas d'autre origine, et l'on en cite qui ont soixante lieues de circonférence!

Est-il rien de plus merveilleux? et peut-on croire qu'un être si chétif qui n'a ni bras, ni jambes, ni tête; qui n'a qu'un tuyau pour tout estomac, arrive à produire d'aussi gigantesques résultats!

Certains polypes déposent, dans la masse du tissu commun, une matière calcaire, connue sous le nom de corail. Cette matière est très-recherchée; on en fait des objets d'ornements, des bijoux etc.

On trouve des récifs de corail dans l'archipel indien et sur les côtes d'Afrique.

LE POLYPE D'EAU DOUCE, qu'on appelle plus communément HYDRE, ne forme pas de récifs, comme les corailliaires; néanmoins leurs mœurs sont curieuses à observer. Cet animal, qui n'est pas plus gros qu'un grain de blé, se fixe sur le revers des feuilles qui croissent dans les ruisseaux. Son corps a la forme d'un tube et n'a qu'une ouverture pour absorber et pour rendre les aliments; autour de la bouche de l'animal se trouvent huit tentacules, à l'aide desquels il saisit sa proie; il est extrêmement vorace et se nourrit des petits vers qui pullulent dans les eaux. Quand un de ces vers se trouve à sa portée, il l'enlace avec ses tentacules et l'avale à l'instant, exactement comme le poulpe.

Quand des hydres se disputent la même proie, il arrive souvent que ni l'un ni l'autre ne voulant céder, le plus gros des deux avale son adversaire; celui-ci ne paraît pas en souffrir, car au bout d'un quart d'heure il s'échappe du corps de son ennemi avec la proie, objet de la querelle.

Cet animal présente encore d'autres phénomènes non moins étranges : on peut mutiler son corps, le hacher en cent morceaux, on ne fait que le multiplier, car chaque fragment, loin de périr, devient un animal complet en fort peu de temps.

Si, après avoir coupé ce polype en un ou plusieurs morceaux, on rapproche les parties divisées, elles s'unissent à l'instant et ne se quittent plus. Si l'on introduit par la queue un de ces animaux dans le corps d'un autre, les deux têtes n'en font plus qu'une, et les deux individus se trouvent fondus l'un dans l'autre.

III. — LES ACALÈPHES

LA MÉDUSE.

Voici un autre animal qui a tout à fait la forme d'un champignon. Sa consistance est gélatineuse, et il flotte dans la mer en laissant pendre ses tentacules sous sa calotte. Du tour de cette calotte, s'échappent des filaments très-longs qui portent à leur extrémité des ouvertures, servant de bouches à l'individu.

La méduse pond des œufs, et les petits qui en sortent ne ressemblent en rien à leur mère. Ils vont se fixer pour toujours sur des rochers et prennent la forme de branches d'arbres — on les appelle alors campanulaires — ces campanulaires produisent à leur tour des larves, et ces larves deviennent des méduses, de façon que dans cette famille, les enfants ne ressemblent jamais qu'à leurs grand'mères.

LES BEROÉS, qui font partie de ce groupe, ont tout à fait la figure de petits ballons.

LES CESTES ressemblent à de longs cordons de substance gélatineuse.

LES PHYSOPHORES représentent des guirlandes, chargées de fruits et de fleurs.

IV. — LES SPONGIAIRES.

L'ÉPONGE.

L'éponge, dont tout le monde fait usage, est également d'origine animale ; il serait permis d'en douter, car telle que nous la voyons, elle n'a rien qui rappelle l'animalité et ressemble plutôt à une matière végétale, telle que certaine mousse des bois. Pendant fort longtemps, les zoologistes ont été divisés sur la nature de l'éponge ; et si maintenant ils sont d'accord sur ce point, ils ne savent pas encore bien exactement de quelle manière se forme cet animal.

Voici l'opinion la plus généralement admise :

Le spongiaire est une espèce d'infusoire, dont le corps est garni de cils vibratiles à l'aide desquels il nage. Après avoir vécu librement pendant un temps plus ou moins long, il va rejoindre d'autres spongiaires et se fixer à quelques rochers. Dès ce moment, non-seulement il perd tout mouvement et toute sensibilité, mais en se développant son corps se déforme complétement. En croissant, la matière gélatineuse de son corps se perce de canaux et se crible de trous que l'eau traverse sans cesse. Ce corps gélatineux, au lieu de s'ossifier comme celui du corail, devient chanvreux et d'une consistance cornée qui résiste à toute décomposition, même après la mort de l'animal.

A certaines époques de l'année, on voit sortir de ces canaux des corpuscules qui ne sont rien autre chose que des larves de spongiaires : ces larves se développent bientôt, et nagent librement avant d'aller se fixer à quelque pierre et d'y constituer une nouvelle éponge.

Il est fort probable qu'une partie des nouveau-nés viennent se fixer à leur berceau, s'y développent et y meurent, et que l'éponge, comme le corail, n'est formée que par l'agrégation d'une grande quantité d'individus. Sans cela, il serait impossible de comprendre le volume de certaines éponges qui dépassent quelquefois trois mètres de circonférence. Les petits spongiaires, ne se reproduisant point par bourgeonnement et nageant librement, ne peuvent former des masses considérables, comme le polype, qui vit et meurt sans quitter son berceau.

On connaît beaucoup d'éponges. Le plus grand nombre provient des mers qui baignent les pays chauds. Celles dont on fait un usage journalier dans nos maisons, se trouvent en abondance dans la mer Méditérannée.

La pêche de l'éponge fait l'objet d'un commerce important.

La forme et la taille des éponges sont très-variables, ainsi que la matière qui compose leur tissu; on a vu des éponges qui dépassaient la taille d'un homme ; d'autres ne sont pas plus grosses qu'une lentille ; c'est parmi ces dernières que se trouve la très-extraordinaire éponge, connue des zoologistes sous le nom de VIOA ou ÉPONGE TÉRÉBRANTE.

Cette éponge, à peine grosse d'un millimètre, possède la merveilleuse propriété de s'introduire dans tous les corps calcaires, dans les coquilles les plus dures et dans les bancs rocheux sous-marins.

Comment cet être informe, chez lequel on n'a pas même pu constater la présence d'un estomac, peut-il creuser la pierre ? il n'a ni dents ni griffes, puisqu'il ne possède ni tête ni membres : où cache-t-il son appareil de mineur, et par quel procédé opère-t-il ?

Devant ces questions, la science reste muette et l'on ne peut que constater les faits sans les expliquer.

Certains rochers sous-marins sont entièrement minés par ces infiniment petits ; ils creusent les masses les plus compactes, y établissent des galeries en tous sens, les perforent de toutes manières, au point de n'en plus former qu'un squelette poreux, semblable à de la pierre ponce.

On voit que si certains polypes ont le pouvoir de former des récifs en rendant leurs corps pierreux, certaines éponges possèdent la puissance contraire et détruisent les pierres les plus dures.

Ainsi le veut la grande loi de l'équilibre qui régit l'univers.

LES INFUSOIRES

Les infusoires sont des animalcules qui vivent dans l'eau, et que l'on ne peut apercevoir qu'à l'aide du microscope. Ils sont tellement nombreux dans certaines eaux stagnantes, qu'une seule goutte en contient des centaines. Toutes les espèces sont loin d'être connues; celles qui ont été décrites sont très-variées dans leurs formes et très-différentes dans leurs habitudes. Certains infusoires ont le corps arrondi et tournent sur eux-mêmes comme la roue d'un moulin, à l'aide des cils vibratiles, dont ce corps est garni : on leur a donné le nom de VOLVOCES ; d'autres, ressemblent à un tuyau et paraissent vivre aussi bien à l'endroit qu'à l'envers, car ils se retournent comme le doigt d'un gant : ceux-ci, nagent comme les serpents; ceux-là, font des espèces de culbutes; la plupart, se divisent le corps en plusieurs fragments, dont chacun continue de vivre, et devient un nouvel individu, qui se reproduit de la même manière.

Ils ont de plus l'étrange privilége de renaître à la vie, ou du moins de la conserver dans les milieux qui semblent contraires à leur nature. C'est ainsi que des infusoires qui restent pendant plusieurs mois desséchés au fond d'une bouteille, recommencent à nager, aussitôt qu'ils sentent un peu d'humidité.

Ils réalisent, plus complétement que la salamandre, la fable du phénix auquel les anciens attribuaient le pouvoir de renaître de ses cendres.

Ces animalcules ont beaucoup d'analogie avec les larves des acalèphes et des spongiaires. Ils sont remarquables par les nombreuses cavités établies dans leurs corps, et qui remplissent l'office d'autant d'estomacs.

De même que chez les animaux supérieurs, on trouve dans ce petit monde des espèces carnassières : certains infusoires se livrent des combats acharnés et comme partout le faible devient la proie du fort. Plus heureux que le gros animal, qui cesse de vivre dès qu'il est dévoré, l'infusoire, non-seulement sort vivant du corps de son ennemi, mais peut fort bien en sortir avec deux ou trois compagnons, autres lui-même, si son adversaire en l'avalant l'a déchiré en trois ou quatre morceaux.

Ce n'est pas seulement dans les eaux croupies qu'on rencontre des infusoires, on en trouve également dans la colle de farine aigre, dans la levûre, dans le vinaigre, dans la plupart des fermentations, dans les désagrégations des matières végétales, dans la décomposition des chairs musculaires et autres corps organisés, etc.

D'où viennent-ils ? C'est ce que personne ne sait encore. Plusieurs naturalistes supposent qu'ils naissent spontanément, mais cette opinion est tout à fait inadmissible, attendu que rien ne vient de rien. L'origine des infusoires est un de ces mystères, comme on en rencontre tant dans la nature et devant lesquels la science humaine ne peut que s'incliner.

Nous ne parlons de ces petits êtres que pour faire remarquer leur extrême petitesse et leur nombre prodigieux : il est tel, que c'est à la présence d'une espèce appelée MONADE, dont le corps est rouge, qu'on doit la couleur de sang qui se remarque dans certains étangs; c'est aussi à la présence des milliards de ces animalcules qu'on attribue la phosphorescence de la mer.

D'ailleurs, ces infiniment petits sont très-dignes d'attention, car ce ne sont pas les gros animaux qui jouent le rôle le plus important dans la nature, ainsi que nous avons eu l'occasion de le constater en parlant des polypes et des insectes : n'a-t-on pas vu le petit mollusque appelé TARET, perforer des charpentes de vaisseaux à trois ponts et les faire couler bas? La Hollande, il y a moins d'un siècle, faillit être submergée, parce que ce même taret avait miné toutes les digues qui retiennent les eaux dans ce pays.

Comme le dit certain philosophe, il faut connaître ses ennemis, et comme le dit le bon La Fontaine : le plus petit des ennemis n'est pas à mépriser.

Ce monde microscopique est fort curieux à observer. Nous en parlerons quelque jour à nos jeunes amis. A cette heure, nous n'avons plus qu'à prendre congé d'eux, étant arrivé à la limite de ce petit ouvrage.

Nous espérons que cette rapide excursion dans le domaine des animaux, engagera nos jeunes lecteurs à sérieusement étudier l'histoire naturelle. Aucune connaissance n'offre plus d'attrait et ne présente autant d'enseignements. Le peu que nous avons vu nous a déjà fait entrevoir l'admirable harmonie qui règne dans la nature et nous permet de formuler cette réflexion :

Tout être, quelle que soit son infimité, remplit une tâche sur la terre.

Chaque animal, ayant été créé dans un but déterminé, est également parfait : il possède les organes et l'instinct qui lui sont nécessaires pour remplir sa mission.

Tout animal, quelle que soit son intelligence, accomplit toujours de la même manière, et sans les apprendre, les travaux propres à sa race et ne peut se dispenser d'agir autrement.

L'homme seul échappe à la loi qui régit les animaux ; lui seul possède une intelligence perfectible ; lui seul jouit de son libre arbitre ; lui seul est doué de la parole et de la raison ; lui seul a une âme ; lui seul, enfin, est appelé à connaître un Dieu et à l'adorer.

A. L.

TABLE

PAR ORDRE DE MATIÈRES

ET PAR CLASSIFICATION.

LES MAMMIFÈRES.

LES OISEAUX.

LES REPTILES.

LES BATRACIENS.

LES POISSONS.

LES INSECTES.

LES ARACHNIDES.

LES CRUSTACÉS.

LES VERS.

LES MOLLUSQUES.

LES ZOOPHYTES.

PARIS. — J. CLAYE, IMPRIMEUR, 7, RUE SAINT-BENOIT. — [1364].

www.ingramcontent.com/pod-product-compliance
Lightning Source LLC
Chambersburg PA
CBHW060404200326
41518CB00009B/1242